Vorwort

Die Ausbildung der ehrenamtlichen Feuerwehrangehörigen ist unter anderem in der Feuerwehr-Dienstvorschrift 2 „Ausbildung der Freiwilligen Feuerwehren" bundesweit einheitlich geregelt. In Baden-Württemberg ergänzen und konkretisieren unter anderem die Lernzielkataloge und die im Wesentlichen von Mitarbeiterinnen und Mitarbeitern der Landesfeuerwehrschule erarbeiteten Lehrstoffblätter diese Feuerwehr-Dienstvorschriften. Die überwiegend ehrenamtliche Arbeit der Ausbilderinnen und Ausbilder in den Freiwilligen Feuerwehren soll mit beidem unterstützt und eine einheitliche Ausbildung gewährleistet werden.

Die Autoren sind um einen ständigen Dialog mit den Ausbilderinnen und Ausbildern bemüht und sind für jede konstruktive Kritik dankbar. Über die hier dargestellten Themen hinaus wird auf die Lernunterlagen auf der Homepage der Landesfeuerwehrschule hingewiesen.

Dank und Anerkennung verdienen alle Ausbilderinnen und Ausbilder auf Kreisebene und in den Gemeindefeuerwehren. Sie tragen mit viel Engagement zur Steigerung der Leistungsfähigkeit der Feuerwehr bei. Ebenso danken wir allen, die sich Tag und Nacht in Feuerwehreinsätzen in den Dienst der Allgemeinheit stellen.

Die Landesfeuerwehrschule wünscht allen Lehrgangsteilnehmerinnen und Lehrgangsteilnehmern sowie den Ausbilderinnen und Ausbildern bei der Ausbildung „Atemschutzgeräteträger" viel Erfolg.

September 2023

Frieder Lieb

Schulleiter
Landesfeuerwehrschule Baden-Württemberg

Stand: September 2023

Verfasserin: Karin Müller

Verlag: Neckar-Verlag GmbH
Klosterring 1, 78050 Villingen-Schwenningen

Telefon 07721 89 87-0
Fax 07721 8987-50
E-Mail: info@neckar-verlag.de

Internet: www.neckar-verlag.de

Druck: printmedia solutions GmbH, 68309 Mannheim

ISBN Print: 978-3-7883-5968-3
ISBN E-Book: 978-3-7883-3962-3

11. überarbeitete Auflage 2023

Ausbildungskonzept Atemschutzgeräteträger

LG F3
Gruppenführer
LFS
10 Tage

LG F2
Truppführer
Kreis
35 h

Leistungs-abzeichen Bronze
Kreis

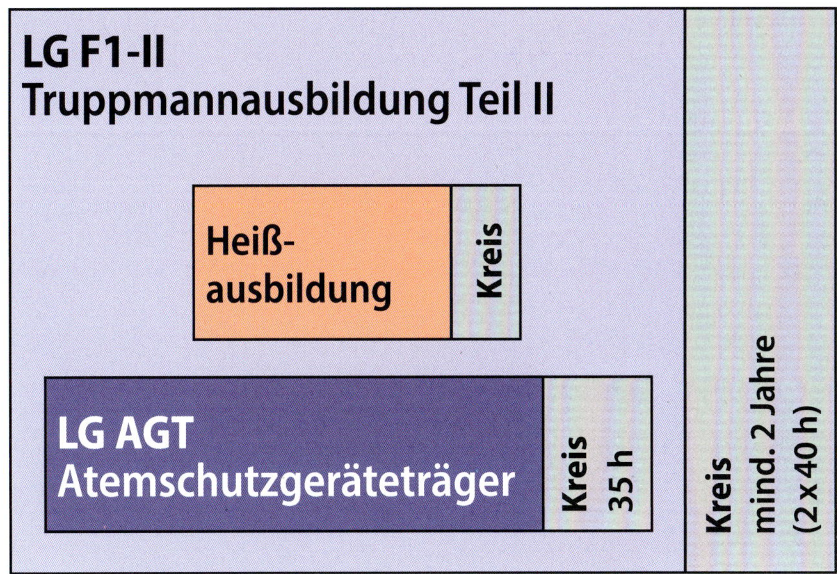

LG SF
Sprechfunker
Kreis
16 h

LG F1-I
Truppmannausbildung Teil I
Kreis
70 h

Hinweis auf geschlechtsneutrale Begriffe:

Um die Verständlichkeit nicht zu erschweren und den Schriftfluss im Lehrstofftext nicht durch Wiederholungen zu stören, wurde bei den Begriffen

„... der Atemschutzgeräteträger oder die Atemschutzgeräteträgerin ..." oder

„... der Truppführer oder die Truppführerin ..." oder

„... der Truppmann oder die Truppfrau" usw.

auf diese Schreibweise verzichtet.

Alle Begriffe wie Atemschutzgeräteträger, Truppführer, Truppmann usw. gelten somit geschlechtsneutral für weibliche wie männliche Feuerwehrangehörige.

Inhaltsverzeichnis

1. Atmung

Einsätze der Feuerwehr erfordern bei Bränden und Hilfeleistungen, bei denen Sauerstoffmangel, Atemgifte oder radioaktive Stoffe auftreten, die Verwendung von Atemschutzgeräten.

Auch am Arbeitsplatz im Betrieb können Arbeitskräfte durch Atemgifte bedroht sein. Diese Arbeitsplätze werden mit einem Gebotsschild gekennzeichnet und fordern zum Tragen von Atemschutzgeräten auf.

Abb. 1.1

Das Thema Atemschutz bedarf einer sorgfältigen Behandlung, da jedes technische oder menschliche Versagen nicht nur das eigene Leben, sondern auch das Leben und die Gesundheit anderer gefährdet. Um dies zu vermeiden und um Unfällen vorzubeugen, sollen die folgenden Ausführungen jedem Angehörigen der Feuerwehr für Einsatz und Übung mit Atemschutzgeräten als Leitlinie dienen.

1.1 Grundlagen der Atmung

Atemvorgang

Das Atmen ist ein lebensnotwendiger Vorgang für den menschlichen Körper, bei dem den Körperzellen Sauerstoff (O_2) für die Energiegewinnung zugeführt und das beim Stoffwechsel entstehende Kohlendioxid (CO_2) abgeführt wird.

Welche vorrangige Bedeutung die Atmung im Vergleich zu anderen lebensnotwendigen Funktionen besitzt, zeigt folgende Darstellung:

Abb. 1.2

Der Mensch kann ohne Nahrungsaufnahme viele Tage überleben, ohne Flüssigkeitsaufnahme mehrere Tage auskommen, aber ohne Atmung stirbt er bereits nach wenigen Minuten. Dieser Vergleich zeigt anschaulich, wie extrem kurz der Zeitraum ist, innerhalb dessen eine Gefahr für die Atmung abgewehrt werden muss.

Physiologische Grundlagen der Atmung

Die wichtigste Aufgabe der Atmung ist die ausreichende Versorgung der Zellen mit Sauerstoff und die Ausscheidung von Kohlendioxid. Hierzu gehören die äußere Atmung (Lungenatmung) und die innere Atmung (Gasaustausch zwischen Zelle und Blut).

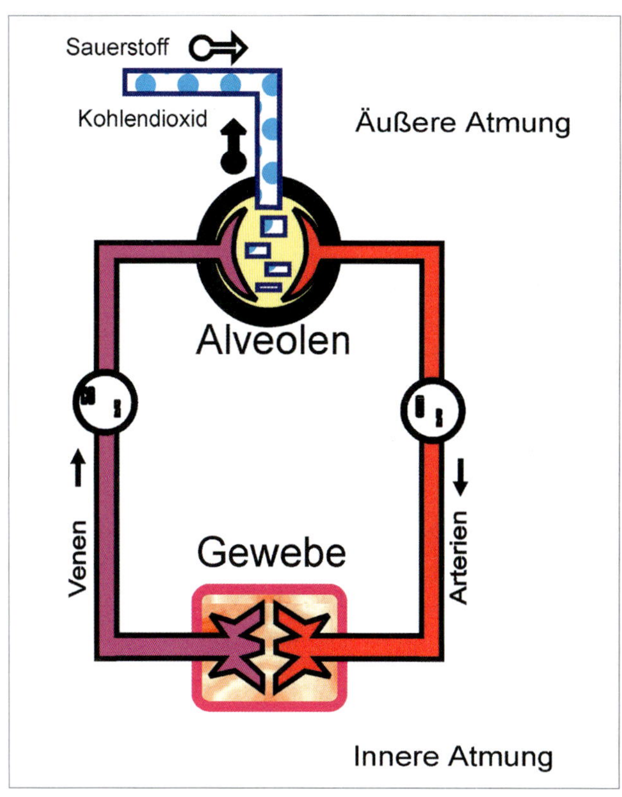

Abb. 1.3

Atmungsorgane

Die Luft strömt durch Mund oder Nase in den Körper. Wird durch die Nase eingeatmet, wird die Luft zunächst durch Haare der Nase und Schleimhäute gereinigt, angefeuchtet und angewärmt. Anschließend gelangt die Atemluft über den Rachenraum vorbei an Kehlkopf und Stimmlippen in die Luftröhre.

Die Luftröhre verzweigt sich in die beiden Äste der Bronchien, die sich in den beiden Lungenflügeln immer weiter in die so genannten Bronchiolen verzweigen, an deren Ende sich die Lungenbläschentrauben befinden. (Abb. 1.5)

In jedem einzelnen Lungenbläschen (Alveole) tritt durch deren dünne Membran Sauerstoff in die Kapillargefäße über. Auf umgekehrtem Weg wird Kohlendioxid aus dem Blut an die Lunge abgegeben. (Abb. 1.4)

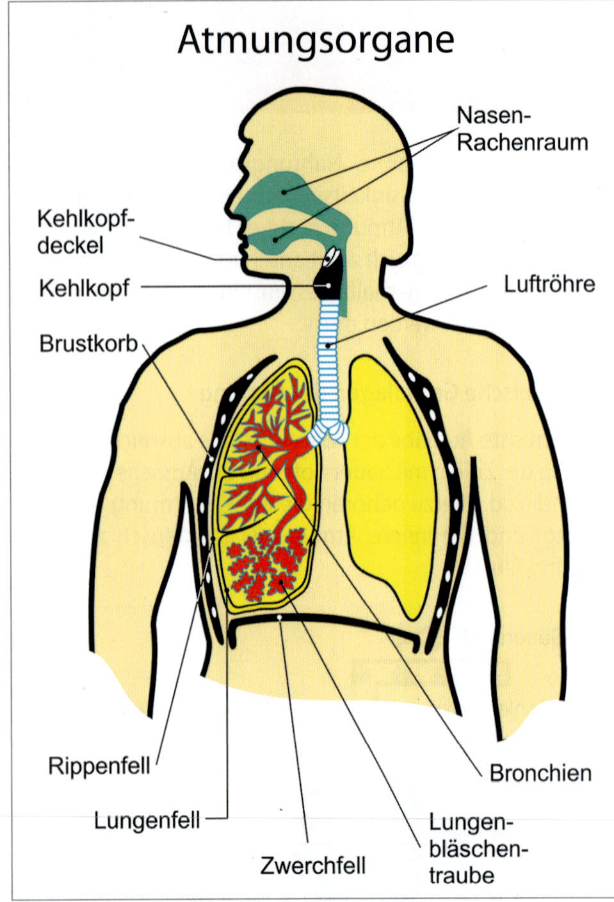

Abb. 1.4

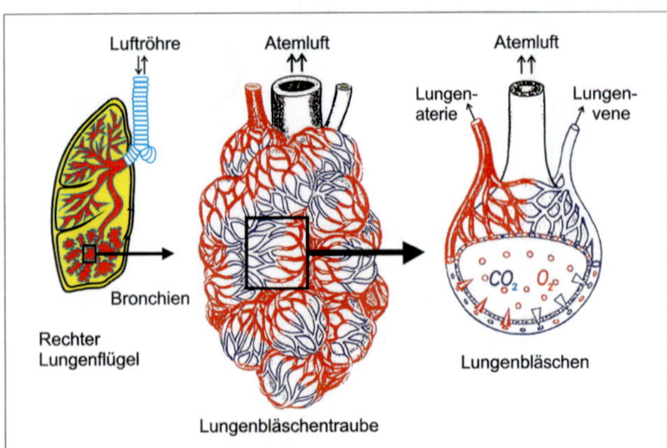

Abb. 1.5

Mechanik der Atmung

Bei der aktiven Einatmung (Inspiration) dehnt sich die Lunge aus, es gelangt von außen frische, sauerstoffreiche Atemluft in die Alveolen.

Bei der überwiegend passiven Exspiration (Ausatmung) zieht sich die Lunge wieder zusammen und gibt verbrauchte kohlendioxidreiche und sauerstoffarme Luft nach außen ab.

Steuerung der Atmung

Das Atemzentrum im verlängerten Mark (Medulla oblongata) steuert die Atmung.

Über Chemorezeptoren wird daher ständig der

- Sauerstoffgehalt (= pO_2 = O_2-Partialdruck)
- Kohlendioxidgehalt (= pCO_2 = CO_2-Partialdruck)
- pH-Wert

im Blut überwacht. Gibt es Abweichungen, so steuert das Atemzentrum die Atemmuskulatur derart an, dass die Atmung die Abweichung ausgleicht.

Diese Steuerung durch das Atemzentrum hält den Sauerstoff- und Kohlendioxidgehalt sowie den pH-Wert in engen Grenzen konstant. Werden diese Grenzen wesentlich über- oder unterschritten, ist dies lebensbedrohlich.

1.1.1 Atmung

Die Atmung gehört neben Bewusstsein und Kreislauf (Puls, Blutdruck, Körperflüssigkeiten) zu den Vitalzeichen. Die gesunde, normale Atmung erfolgt regelmäßig, gleichmäßig tief und ist geräuscharm.

Atemfrequenz

Die Atemfrequenz ist die Anzahl der Atemzüge pro Minute. Ein Atemzug umfasst eine Ein- und Ausatmung.

Der Normalwert der Atemfrequenz ist altersabhängig. Die Atemfrequenz beträgt beim Erwachsenen ca. 15 Atemzüge/Minute.

Erhöhte Atemfrequenz (Tachypnoe)

Eine beschleunigte Atmung beginnt bei ca. 20 Atemzügen/Min. beim Erwachsenen. Sie kann bis zu 100 Atemzüge/Min. schnell werden.

Die Tachypnoe tritt bei erhöhtem Bedarf an Sauerstoff auf. Im Einsatzfall ist dies bei körperlicher Anstrengung, psychischer Belastung und/oder Hitzeeinwirkung.

Atemzugvolumen

Ein Atemzug besteht aus Ein- und Ausatmung. Bei der Einatmung werden ca. 500 ml Luft in die Atemwege und die Lunge eingesaugt (Atemzugvolumen). Diese mischen sich mit der noch in der Lunge vorhandenen Luft (Lunge und Atemwege sind nach der Ausatmung nie völlig luftleer).

Anatomischer Totraum

Der Gasaustausch findet ausschließlich in den Lungenbläschen statt, da nur hier die Gewebeschicht zwischen Luft und Blut dünn und durchlässig ist. Ungefähr 150 ml der eingeatmeten Luft gelangt nicht in die Alveolen, sondern verbleiben in den Atemwegen wie Kehlkopf, Luftröhre und Bronchien. Dort ist die Gewebeschicht viel dicker als in den Alveolen, und es findet kein Gasaustausch statt. Daher bildet das Luftvolumen in diesen Atemwegen auch den so genannten anatomischen Totraum. Letztendlich nehmen von den ursprünglichen 500 ml nur noch ca. 350 ml am Gasaustausch teil.

Verringert man durch hastiges flaches Atmen das Einatemvolumen, so wird der Einfluss des gleich gebliebenen anatomischen Totraumes größer, was zu einer Verringerung des Sauerstoffanteils und zu einer Anreicherung von Kohlendioxid in der Atemluft führt.

Dieser negative Einfluss wird noch durch eine Atemschutzmaske erhöht, die ebenfalls einen Totraum aufweist. Die Größe dieses Maskentotraumes, welcher den anatomischen Totraum erweitert, entspricht etwa dem Volumen, das durch den Hohlraum zwischen Innenmaske und Gesicht gebildet wird. Würde die Innenmaske fehlen, würde der Maskentotraum um das komplette Volumen der Atemschutzmaske vergrößert werden.

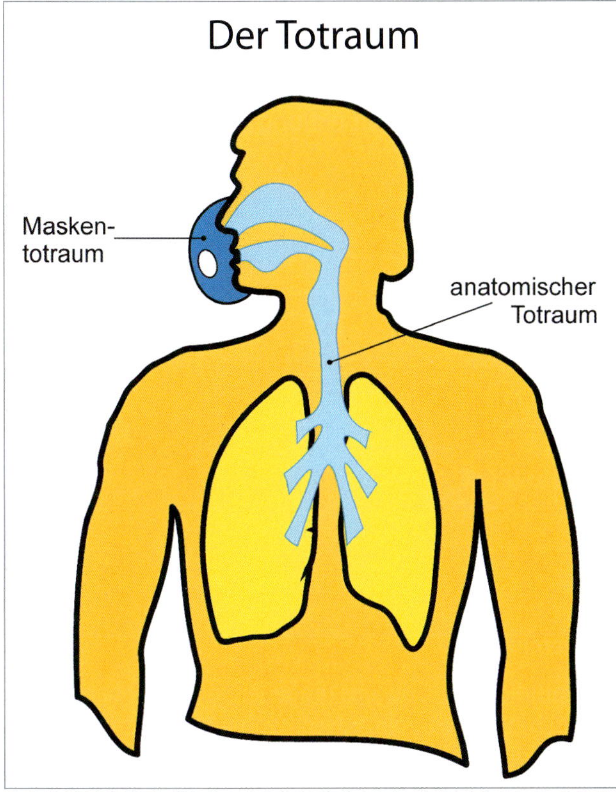

Abb. 1.6

Merke

Der anatomische Totraum des AGT besteht aus den Bereichen der Atemwege, die nicht am Gasaustausch teilnehmen: Mund/Nasen-/Rachenraum, Kehlkopf, Luftröhre und Bronchien.

Der Maskentotraum der Vollmaske ist der Bereich zwischen dem Gesicht des AGT und der Innenseite der Innenmaske.

Das Volumen des anatomischen Totraums mit dem Volumen des Maskentotraums ergibt zusammen das gesamte Totraumvolumen beim Tragen von Vollmasken, welches nicht am Gasaustausch teilnimmt.

Verfällt der Atemschutzgeräteträger unter Atemschutz in eine kurze flache Atmung, so kann es passieren, dass die Ausatemluft nicht oder nur zu einem sehr kleinen Teil aus der Maske abgeatmet wird. Demzufolge wird auch kaum frische sauerstoffreiche Luft durch die Maske bis in die Lungenbläschen eingeatmet. Der Atemschutzgeräteträger gerät an seine Leistungsgrenze und in eine Sauerstoffunterversorgung. Tiefe gleichmäßige Atemzüge können aus der Atemkrise helfen.

Atemminutenvolumen

Das Atemminutenvolumen ist die Luftmenge, die in einer Minute ein- und ausgeatmet wird.

Bei 14 – 16 Atemzügen/Minute atmet ein gesunder Erwachsener pro Minute etwa 7,5 Liter Luft ein und wieder aus.

Vitalkapazität

Durch verstärkte Einatmung können je Atemzug über das normale Atemzugvolumen hinaus etwa 2 Liter Luft eingeatmet werden: diese Einatemreserve wird als inspiratorisches Reservevolumen bezeichnet. Durch verstärkte Ausatmung nach der normalen Ausatmung kann noch etwa 1 Liter Luft zusätzlich ausgeatmet werden. Diese Ausatemreserve heißt auch exspiratorisches Reservevolumen. (Abb. 1.7)

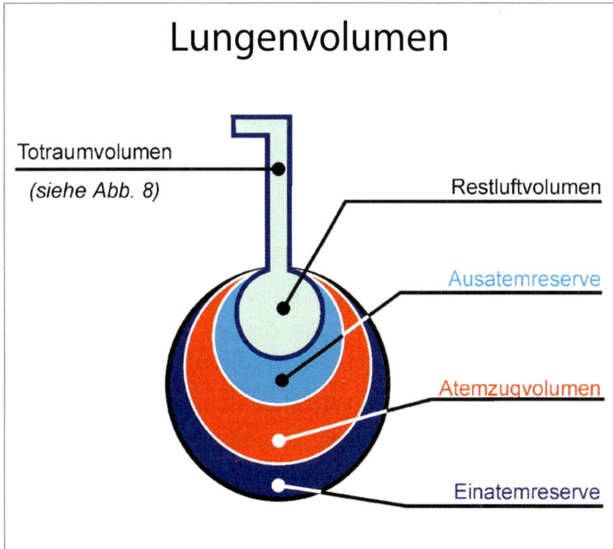

Abb. 1.7

Werden alle Reserven zusätzlich zum normalen Atemzugvolumen ausgeschöpft, ergibt sich die Vitalkapazität, also die Menge an Luft, die ein Mensch maximal ein- und ausatmen kann.

Vitalkapazität = Atemzugvolumen + inspiratorisches Reservevolumen + exspiratorisches Reservevolumen. (Abb. 1.8)

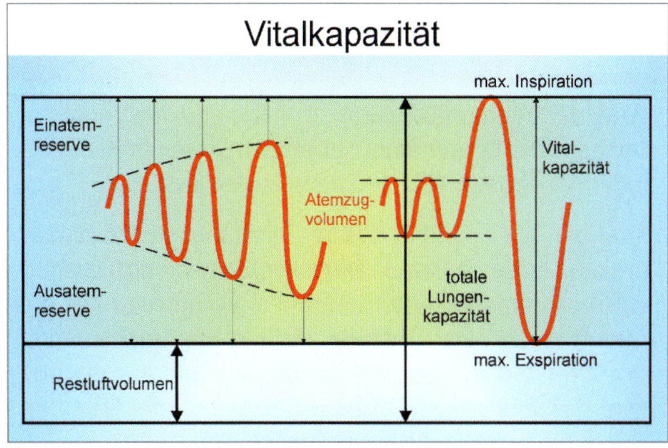

Abb. 1.8

Auch nach stärkster Ausatmung bleibt noch ca. 1 bis 1,5 Liter Luft in den Lungen zurück. Dieses Restluftvolumen wird Residualvolumen genannt. Vitalkapazität und Residualvolumen zusammengenommen ergibt die Totalkapazität. (Abb. 1.9)

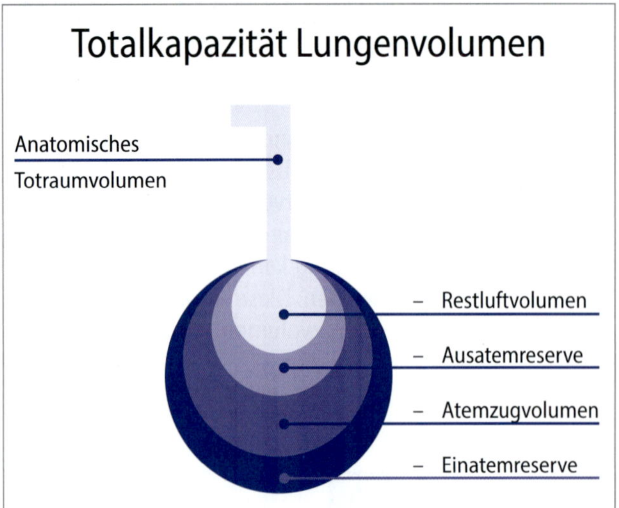

Abb. 1.9

Körperliche Leistung und Luftbedarf

Der Atemrhythmus erfolgt in einer regelmäßigen Abfolge in etwa gleich tiefer Atemzüge; die Zeit von Einatmung zu Einatmung ist ebenso konstant wie das Atemzugvolumen.

Das Zeitverhältnis zwischen Einatmung und Ausatmung entspricht etwa 1 : 2, d. h. die Ausatmung dauert etwa doppelt so lange wie die Einatmung.

Wird bei körperlicher Anstrengung mehr Sauerstoff benötigt, so vertieft sich die Atmung, d. h. das Atemzugvolumen steigt. Deckt dies den Bedarf nicht, wird zusätzlich die Atemfrequenz erhöht. So kann das Atemminutenvolumen erheblich gesteigert werden.

Bevor wir unseren Körper über seine Leistungsgrenze hinaus belasten und wir somit für uns und für andere zur Gefahr werden, gilt der alte Satz: „Stehe still und atme durch!" Auch heute noch ein Satz, der dem Atemschutzgeräteträger ein Leitspruch sein soll.

Merke

Wird der Atemschutzeinsatz zunehmend anstrengend, benötigt der Körper mehr Sauerstoff. Diesen holt er sich, indem er uns schneller und tiefer atmen lässt.

Strengen wir uns über unsere Belastungsgrenze hinaus an, kann es den Anschein erwecken, dass wir nicht genug Luft bekommen. Meistens erhöhen wir bewusst nur die Atemfrequenz, was trotzdem nicht immer reichen wird. Wichtig ist, dass auch tief genug ein- und ausgeatmet wird. Sollte das alleine nicht ausreichen, ist die Arbeit im Trupp für kurze Zeit zu unterbrechen (nach Absprache), um die Atmung wieder unter Kontrolle zu bekommen.

Ist eine Überbelastung eingetreten, ist der Einheitsführer umgehend zu informieren bzw. bei Notwendigkeit ist eine Notfallmeldung abzusetzen.

Die nachstehenden Tabellen zeigen die Beziehung zwischen dem erforderlichen Sauerstoffverbrauch in Abhängigkeit von unterschiedlichen Belastungen für den menschlichen Körper. Man erkennt, dass der gesunde Körper bis zu seiner individuellen Grenze in der Lage ist, den steigenden Energieverbrauch durch erhöhte Sauerstoffaufnahme zu decken. (Abb. 1.10)

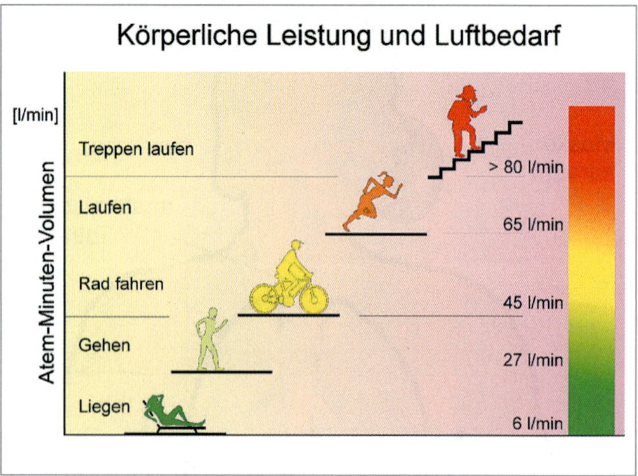

Abb. 1.10

Einatemluft

Die natürliche Luft, die uns umgebende Atmosphäre, ist ein Gemisch aus mehreren Gasen, wobei die Luftfeuchtigkeit, bedingt durch den Wasserdampfanteil in der Luft, vernachlässigt wurde. Die Abbildung 1.11, ein Auszug aus der FwDV 7 „Atemschutz", zeigt in einem Quadrat maßstäblich diese Gasanteile bei der Einatmung.

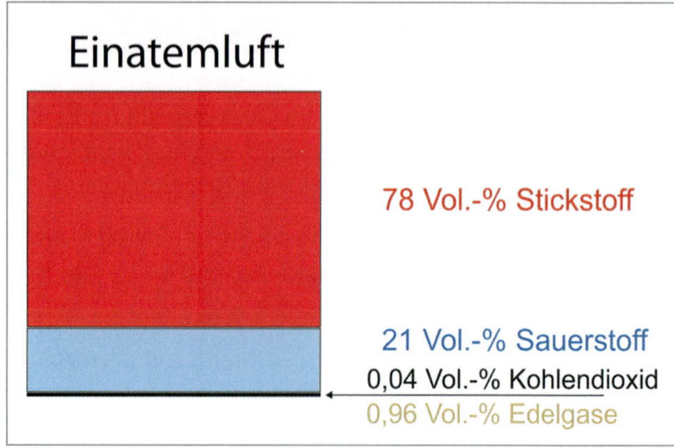

Abb. 1.11

Wie wichtig die Zusammensetzung der Luft für das Wohlbefinden und die Leistungsfähigkeit des Menschen ist, zeigen bereits geringfügige Schwankungen der Beschaffenheit unserer Atemluft. Wir denken dabei an den Aufenthalt in größeren Höhen oder an die schädliche Atmosphäre (Smog) bei entsprechenden Wetterlagen im Zentrum von Großstädten.

Wir kennen auch die Wirkung übel riechender Stoffe und die ermüdende Wirkung „verbrauchter" Luft in geschlossenen Räumen. Dagegen zeigt ein Spaziergang in frischer Waldluft eine belebende Wirkung, die unser Wohlbefinden und unsere Leistungsfähigkeit steigert.

Atembare Luft muss genügend Sauerstoff und Feuchtigkeit enthalten, frei sein von unangenehmen Geruchsstoffen und gesundheitsschädlichen Bestandteilen, die Störungen des Organismus verursachen können.

Für die Atemluft in Behältern von Atemschutzgeräten müssen die Bedingungen der DIN EN 12021:2014-07 „Druckluft für Atemschutzgeräte" erfüllt sein.

Ausatemluft

Vergleicht man die Einatemluft (Abb. 1.11) mit der Ausatemluft (Abb. 1.12), so stellt man Folgendes fest:

Der Anteil des Stickstoffs (N_2) ist unverändert, da er nicht durch die Atmung ausgetauscht wird, genau wie der Rest von 0,96 Vol.-% Edelgasen. Beim Sauerstoff (O_2) ist der Anteil von 21 Vol.-% auf 17 Vol.-% in der Ausatemluft gesunken. Der Körper muss also 4 Vol.-% Sauerstoff aufgenommen haben. Das ist genau der gleiche Betrag, um den sich der Kohlendioxidanteil in der Ausatemluft erhöht hat.

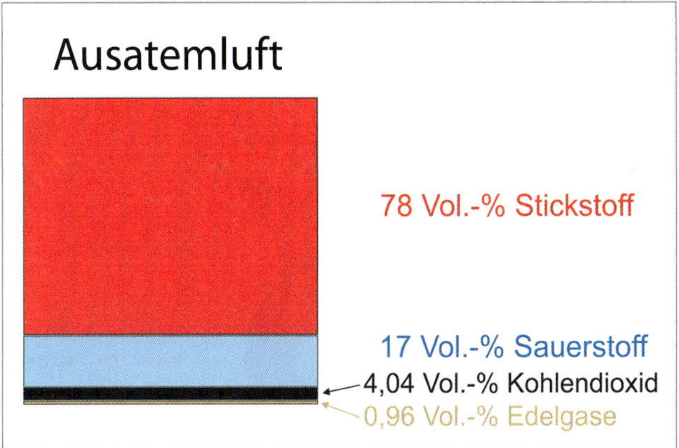

Abb. 1.12

Es bestätigt sich somit die Aussage gemäß Abb. 1.3, in welcher die Atmung als Gasaustausch durch Sauerstoffaufnahme und Kohlendioxidabgabe erläutert wurde.

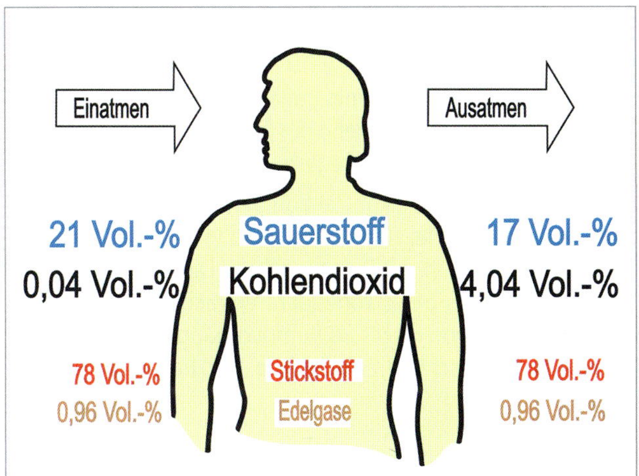

Abb. 1.13

Die FwDV 7 „Atemschutz" zeigt die Gegenüberstellung von Einatemluft und Ausatemluft, wobei die am Gasaustausch beteiligten Gase Sauerstoff und Kohlendioxid besonders hervorgehoben sind (Abb. 1.13).

Um die Wirkungen einer durch Fremdstoffe veränderten Atemluft auf bestimmte menschliche Organe zu verstehen, werden diese Organe in ihrer Funktion und Aufgabe in den folgenden Abschnitten beschrieben.

Sauerstoffmangel

Aus den vorangegangenen Feststellungen über die Zusammensetzung der Luft ist bekannt, dass der Anteil des lebensnotwendigen Sauerstoffs in der Atemluft rund 21 Vol.-% beträgt. Wird dieser Anteil niedriger, so ist bis zu einem Sauerstoffgehalt von etwa 17 Vol.-% kein nachteiliger Einfluss bemerkbar. Sinkt der Sauerstoffgehalt bei normalem Luftdruck jedoch unter 17 Vol.-%, so lässt die Leistungsfähigkeit des menschlichen Organismus nach.

Bei einem weiteren Absinken beginnt im Bereich von etwa 15 Vol.-% die Gefährdung für die Gesundheit, und bei einem weiteren Absinken des Sauerstoffgehaltes in der Atemluft muss mit einem plötzlichen Zusammenbrechen ohne vorherige Anzeichen gerechnet werden. Gerade diese plötzliche Wirkung ohne eine vorherige Warnung durch ein Sinnesorgan macht den Sauerstoffmangel zu einer Lebensgefahr, die jeder Atemschutzgeräteträger kennen muss.

Merke

Ein Sauerstoffanteil in der uns umgebenden Luft zwischen 21–19 Vol.-% ist Standard. Sinkt der Sauerstoffanteil unter 17 Vol.-%, lässt die Leistungsfähigkeit nach. Unter 15 Vol.-% Sauerstoff in der Umgebungsluft besteht Gesundheitsgefahr.

1.1.2 Blutkreislauf

Zur Erhaltung seiner Lebensfunktion benötigt der Mensch eine gewisse Energiemenge zur Bewältigung der körperlichen Arbeit und zur Erhaltung der Körperwärme. Die notwendige Energie wird dem menschlichen Körper durch Nahrung zugeführt, die sich nach ihrer Aufbereitung mit dem Sauerstoff der eingeatmeten Luft verbindet (Verbrennungs- oder Oxidationsvorgang). Diese Oxidation geht in den Körperzellen vor sich, wobei die Nährstoffe in Energie umgewandelt werden.

Das dabei entstehende Kohlendioxid und andere Abbauprodukte müssen danach stetig aus dem Körper entfernt werden. Sowohl die Zuführung der erforderlichen Nährstoffe und des Luftsauerstoffs als auch der Abtransport der entstandenen Abbauprodukte und des Kohlendioxids aus den Körperzellen werden vom Blut über den Blutkreislauf (Abb. 1.14) übernommen.

Man unterscheidet zwischen dem kleinen Blutkreislauf (Lungenkreislauf) von der rechten Herzkammer über die Lunge zurück zum linken Vorhof des Herzens und dem großen Blutkreislauf (Körperkreislauf) von der linken Herzkammer über die große Körperschlagader (Aorta) bis zu den Körperzellen und zurück zum rechten Vorhof des Herzens.

Neben diesem Pumpweg, genannt Kreislauf, spielt die Trägerflüssigkeit „Blut" eine ganz wichtige Rolle. Beim Erwachsenen beträgt die Gesamtblutmenge je nach Körpergewicht ca. 5 bis 6 Liter, die sich aus ungefähr 46 % festen und 54 % flüssigen Bestandteilen zusammensetzt. Der flüssige

Anteil des Blutes heißt Blutplasma, das im Wesentlichen aus Wasser mit in ihm gelösten Substanzen besteht. Es sind dies Nährstoffe, Salze, Hormone, Fermente und Schutzstoffe gegen Infektionsgefahr.

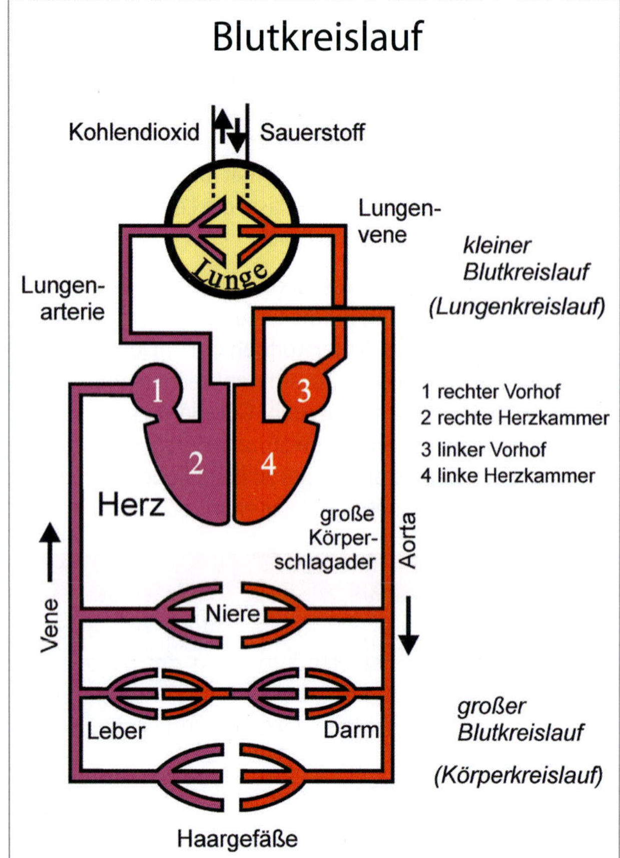

Abb. 1.14

Der feste Anteil im Blut wird durch die roten Blutkörperchen, die weißen Blutkörperchen und die Blutplättchen gebildet. Die roten Blutkörperchen geben dem Blut durch ihren roten Farbstoff (Hämoglobin), der gleichzeitig der „Sauerstoffträger“ des Blutes ist, die hellrote Farbe.

Die weißen Blutkörperchen bekämpfen die in den Körper eingedrungenen Fremdstoffe und Krankheitserreger. Die Blutplättchen bestimmen die Blutgerinnung und spielen somit bei der Blutstillung eine wichtige Rolle.

Die wichtigsten Aufgaben des Blutes sind:

- 1. Zufuhr von Sauerstoff und Abtransport des Kohlendioxids
- 2. Versorgung der Körperzellen mit Nährstoffen und Abtransport der Stoffwechselprodukte
- 3. Verteilung von Wasser und Salzen im Körpergewebe
- 4. Wärmeregulation des menschlichen Körpers
- 5. Transport von Hormonen (Wirkstoffe mit hemmender oder fördernder Wirkung) und Antikörpern.

Diese lebensnotwendigen Aufgaben kann das Blut nur dann erfüllen, wenn ein ständiger Ersatz der im Blut enthaltenen Aktivkörper durch die regenerierenden Organe durchgeführt wird. Eine bedeutsame Rolle kommt daher dem Antrieb des Blutkreislaufes, dem Herzen, zu. Das Herz ist ein Hohlmuskel, dessen Innenraum durch die Herzscheidewand in den rechten und linken Vorhof und die rechte und linke Herzkammer geteilt wird. Durch Herzklappen, die mit Steuerventilen vergleichbar sind, arbeitet das Herz wie eine Pumpe. Es zieht sich im Wechsel rhythmisch zusammen und erweitert sich. Bei der Erweiterung füllt sich das Herz mit Blut (Diastole) und pumpt dieses beim nachfolgenden Zusammenziehen (Systole) in die abgehenden Gefäße (Abb. 1.15).

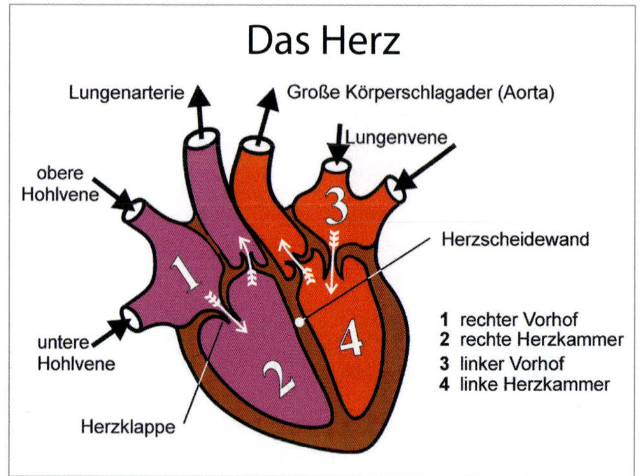

Abb. 1.15

Man unterscheidet zwei Blutdruckmesswerte:

- Den systolischen oder maximalen Blutdruck.
  Er ist der Spitzendruck im Gefäß und liegt in der Regel zwischen 100 und 140 mm Hg.
- Den diastolischen oder minimalen Blutdruck.
  Er ist der Enddruck während der Erschlaffungsphase des Herzens und liegt in der Regel zwischen 60 und 90 mm Hg.

Die Reize für die Muskelkontraktion gehen von Nervenknoten aus. Die Häufigkeit der Herzschläge wird vom vegetativen Nervensystem (vgl. Abb. 1.16) vorgegeben. Die normale Schlagfolge des Herzens eines ruhenden, erwachsenen Menschen liegt im Bereich von 60 bis 80 Pumpvorgängen in der Minute und wird als Herzschlagfrequenz bzw. Puls bezeichnet.

1.2 Nervensystem

Das Nervensystem regelt die Tätigkeit unserer Organe insgesamt und vermittelt Empfindungen. Die Sinnesorgane stellen hierbei die Verbindung zur Umwelt dar.

Man unterscheidet zwischen
- zentralem Nervensystem und
- peripherem Nervensystem.

Zum peripheren Nervensystem gehören das
- motorische System (Bewegungsnerven)
- sensorische System (Empfindungsnerven) und das
- vegetative System.

Die Systematik des Nervensystems ist in der Abb. 1.16 dargestellt. Das Gehirn und das Rückenmark bilden das zentrale Nervensystem und sind Verarbeitungs- und Entscheidungszentrum des Menschen. Es befähigt uns zu denken, zu empfinden und zu handeln.

Über die Empfindungsnerven (sensorisches System) werden die Wahrnehmungen unserer Sinnesorgane aus der Umwelt zum Gehirn geleitet und dort verarbeitet. Über die Bewegungsnerven (motorisches System) gehen die bewusst gegebenen Befehle vom Gehirn zu den Bewegungsorganen, und diese führen alle gewünschten Tätigkeiten, z. B. Gehen, Greifen, Sprechen usw., aus.

Das vegetative Nervensystem (sympathisches oder parasympathisches System) stellt im Hinblick auf die Atmung den wichtigsten Bereich dar, da es das Zentrum für die unbewussten Funktionen in unserem Körper wie Steuerung der Atmung, des Herzschlages oder der Körpertemperatur ist. Diese unwillkürlichen Funktionen sind unabhängig vom Willen und geschehen ohne unser Zutun. Sie sind die Grundlage für unser Leben. Jede Veränderung oder Störung des Nervensystems bedeutet eine Gefahr für das Leben des Menschen.

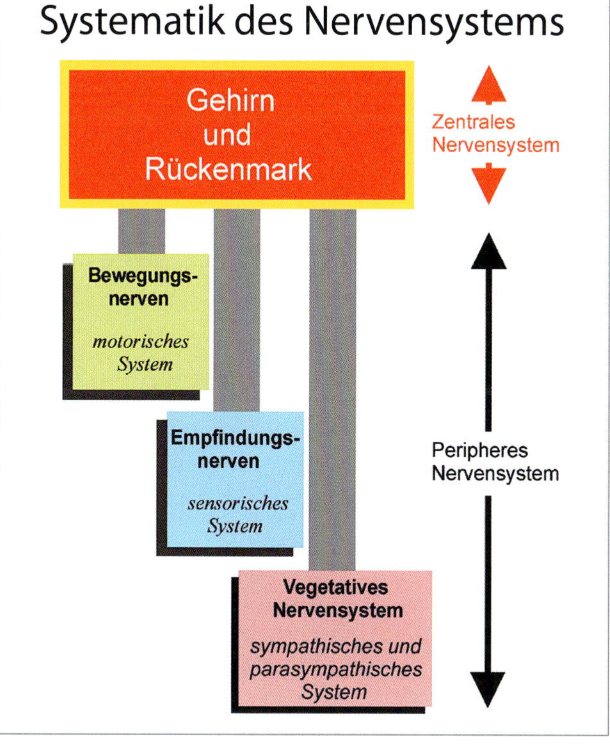

Abb. 1.16

1.3 Haut

Die Haut, mit einer Oberfläche von ca. 1,8 m^2 und einem Gewicht von ca. 4 kg beim Erwachsenen, ist das größte Organ eines Menschen.

Sie ist u. a. ein Schutzorgan gegen schädigende Einflüsse von außen, d. h., sie verhindert das Eindringen von Krankheitserregern und reguliert den Wärmehaushalt des Körpers durch vermehrte Durchblutung oder durch verstärkte Verdunstung von Schweiß. Die Haut dient ferner als Sinnesorgan für Empfindungen wie Wärme/Kälte und Schmerz und ist durch die Ausscheidung von Abbauprodukten am Stoffwechsel beteiligt. Zur Erhaltung des Lebens muss daher neben der Sicherstellung der Atmung auch die Schädigung der Haut durch mechanische Einwirkung, Hitze (Verbrennungen), Kälte (Erfrierungen), Säuren und Laugen (Verätzungen) sowie durch radioaktive Strahlen verhindert werden.

Die Haut besitzt einen dreischichtigen Aufbau:
- Oberhaut (Epidermis)
- Lederhaut (Corium, Dermis)
- Unterhaut (Subcutis)

Die Barrierefunktion der Haut gegen den Eintritt von Fremdstoffen in den Organismus stellt die Hornschicht der Epidermis dar. Sie besteht aus bis zu 12 Schichten abgestorbener Zellen, ist nicht von Blutgefäßen versorgt und besitzt nur einen geringen Wassergehalt. Haben Fremdstoffe die Epidermis überwunden, so werden sie in der Lederhaut über die Blutgefäße dem Blutkreislauf zugeführt und im Körper verteilt.

Gefahrstoffe können:

➔ die Haut gefährden

Für die Gefährdung der Haut mit Gefahrstoffen reichen übrigens schon kleine Mengen an verunreinigter Kleidung oder als Tröpfchen in der Luft.

➔ über die Haut aufgenommen werden

Hautgefährdend nennt man Stoffe, die die Haut durch Hautkontakt schädigen. Das sind zum Beispiel ätzende Stoffe wie Säuren und Laugen oder reizende Stoffe wie Lösemittel.

➔ die Haut sensibilisieren

Gefahrstoffe, die über die Haut aufgenommen werden können, nennt man hautresorptive Stoffe.

Merke

Die persönliche Schutzausrüstung immer komplett und sorgfältig anlegen. Je nach Gefährdung muss sie entsprechend angepasst werden, beispielsweise durch Atemschutz oder durch besondere Schutzhandschuhe.

Zusammenfasung für den Atemschutzgeräteträger

Lernzielkatalog Atemschutzgeräteträger:
Ausbildungseinheit „Grundlagen der Atmung unter Atemschutz" [1 h]

Die Lehrgangsteilnehmenden müssen die Auswirkungen des Tragens von Atemschutzgeräten auf den menschlichen Körper erklären können.

Inhalte	Die Lehrgangsteilnehmenden müssen	Hinweise
Luftverbrauch	– wissen, dass sich mit steigender Belastung der Luftverbrauch erhöht.	
Totraum	– wissen, was man unter dem Begriff „Totraum" versteht. – erklären können, welche Auswirkungen der Totraum auf den Atemschutzeinsatz hat.	– Anatomischer Totraum
Atemtechnik	– erklären können, wodurch beim Atemschutzeinsatz sogenannte „Atemkrisen" entstehen können, und sich richtig verhalten können.	– zuerst tief und dann schnell atmen – „stehe still" und atme durch

Lernerfolgskontrolle (LEK) – Lösungen auf Seite 10 –

1. Atmung

LEK 1.1: Welche Aussagen zum Totraum beim Atemschutzeinsatz sind richtig?

a) Der Maskentotraum ist das gesamte Volumen der Atemschutzmaske.

b) Der anatomische Totraum besteht aus den Atemwegsbereichen Mund/Nasen-Rachenraum, Kehlkopf, Luftröhre und Bronchien zusammen.

c) Der Totraum beim Atemschutzeinsatz setzt sich aus dem anatomischen Totraum und dem Maskentotraum zusammen.

LEK 1. 2: Auf welche Atemtechnik ist unter Atemschutz bei Belastung zu achten?

a) Zuerst schneller, dann tiefer atmen. Reicht das nicht aus, stehen bleiben und durchatmen.

b) Zuerst tiefer, dann schneller atmen. Reicht das nicht aus, stehen bleiben und durchatmen.

c) Zuerst stehen bleiben und durchatmen. Reicht das nicht aus, schneller und tiefer atmen.

LEK 1. 3: Was muss der AGT tun, wenn er merkt, dass er trotz angepasster Atemtechnik über seine Belastungsgrenze gekommen ist und nicht mehr kann?

a) Er muss sich innerhalb des Atemschutztrupps absprechen und auf seine Lage aufmerksam machen.

b) Er muss sofort und ohne Rücksprache innerhalb des Trupps umdrehen und zurück zum Verteiler gehen.

c) Wenn es die Lage erfordert, muss der Truppführer eine Notfallmeldung absetzen.

LEK 1. 4: Es gibt verschiedene Einsatzaufträge für einen Trupp unter Atemschutz, z. B. Menschenrettung oder Brandbekämpfung. Je nach Einsatzlage und Einsatzauftrag kann ein Vorgehen unter Atemschutz anstrengender sein und somit auch einen höheren Luftverbrauch fordern als andere. Welche Reihenfolge an Einsatzaufträgen ist so angeordnet, dass der vermutlich einfachste Einsatzauftrag zu Beginn und der anstrengendste zum Schluss steht?

a)
- Brandbekämpfung Pkw-Brand im Freien
- Brandbekämpfung Küchenbrand im Erdgeschoss und rauchfreiem Treppenraum
- Menschenrettung Wohnungsbrand im 2. Obergeschoss (OG) unter Vornahme eines Rohres und verrauchtem Treppenraum

b)
- Menschenrettung Wohnungsbrand im 2. OG unter Vornahme eines Rohres und verrauchtem Treppenraum
- Brandbekämpfung Pkw-Brand im Freien
- Brandbekämpfung Küchenbrand im Erdgeschoss und rauchfreiem Treppenraum

c)
- Brandbekämpfung Küchenbrand im Erdgeschoss und rauchfreiem Treppenraum
- Brandbekämpfung Pkw-Brand im Freien
- Menschenrettung Wohnungsbrand im 2. OG unter Vornahme eines Rohres und verrauchtem Treppenraum

LEK 1.5: Wie verändert sich die Zusammensetzung der Einatemluft nach dem Ausatmen?

a) Nach dem Ausatmen sind noch 78 Vol.-% Kohlendioxid, 15 Vol.-% Sauerstoff, 6 Vol.-%Stickstoff und ca. 1 Vol.-% Edelgase vorhanden.

b) Nach dem Ausatmen sind noch 80 Vol.-% Sauerstoff, 17 Vol.-% Stickstoff, 2 Vol.-% Kohlendioxid und ca. 1 Vol.-% Edelgase vorhanden.

c) Nach dem Ausatmen sind noch 17 Vol.-% Sauerstoff, 78 Vol.-% Stickstoff, 4 Vol.-% Kohlendioxid und ca. 1 Vol.-% Edelgase vorhanden.

Lernerfolgskontrolle interaktiv
https://t1p.de/atm1q5

2. Atemgifte

Weltweit sind derzeit ca. 7 Millionen verschiedene chemische Verbindungen bekannt. Etwa 60.000 davon werden in großen Mengen erzeugt, gehandelt, transportiert und verwendet. Viele dieser Stoffe können, wenn sie bei Unfällen freigesetzt werden, zu einer Gefährdung von Leben und Umwelt führen.

Bei Bränden, technischen Defekten, Arbeits- oder Transportunfällen können Atemgifte spontan und unerwartet in hoher Konzentration frei werden und eine unmittelbare Gefahr darstellen.

Atemgifte sind in der Luft befindliche Fremdstoffe in Form von Gasen, Dämpfen, Stäuben oder Aerosolen, die vorwiegend mit der Atemluft in den Körper gelangen und dort ihre schädigende Wirkung entfalten. Einige Atemgifte können auch über die Haut in den Körper gelangen.

Das bekannteste Atemgift ist der Brandrauch. Er setzt sich zusammen aus anorganischen Brandgasen, die nachstehend als Atemgifte im Einzelnen beschrieben werden, den organischen Brandzersetzungsprodukten (z. B. Benzol, polyzyklische aromatische Kohlenwasserstoffe PAK), Rußpartikel und Dioxine/Furane. Die Zusammensetzung ist von vielen Bedingungen, wie beispielsweise dem Brandgut (Holz, PVC, Verbundmaterialien, usw.) oder der Verbrennungstemperatur usw., abhängig.

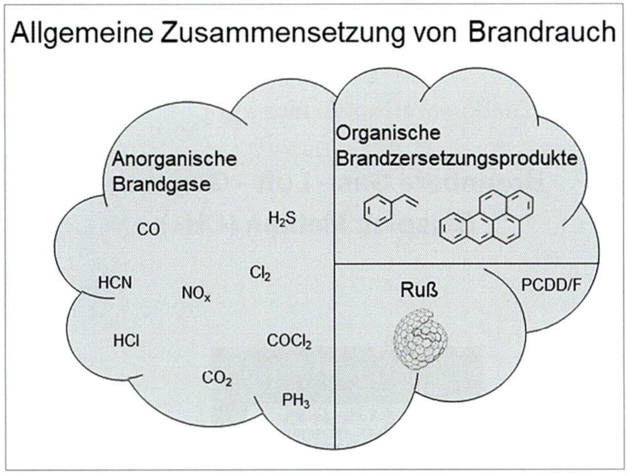

Abb. 2.1

Damit die Gefährdung durch Atemgifte und deren Eigenschaften für den Atemschutzgeräteträger besser erfassbar wird, sind im Folgenden Beispiele für Stoffeigenschaften beschrieben.

2.1 Stoffeigenschaften

2.1.1 Brennbarkeit

Die Brennbarkeit eines Gases hat entscheidende Auswirkungen auf die Vorgehensweise des Atemschutztrupps. Beim Vorliegen eines nicht brennbaren Gases müssen keine besonderen Vorkehrungen getroffen werden, während bei Anwesenheit eines brennbaren Gases unter Umständen Messungen und besondere Schutzmaßnahmen bis hin zum Rückzug notwendig werden.

2.1.2 Dampfdruck

Der Dampfdruck ist die Bezeichnung für den genauen Druck, der in einem abgeschlossenen Behälter durch über der flüssigen oder festen Phase befindlichen Dampf auf die umschließenden Wände wirkt. Leicht vergasende Flüssigkeiten mit niedrigem Siedepunkt haben einen hohen Dampfdruck, schwer vergasende, hochsiedende Flüssigkeiten dagegen einen niedrigen Dampfdruck. Die Temperatur hat direkten Einfluss: Steigt die Temperatur, steigt auch der Dampfdruck.

Für den Einsatzfall am Beispiel mit brennbaren Flüssigkeiten bedeutet das, dass z. B. bei ausgelaufenem Benzin (hoher Dampfdruck ca. 90 mbar) sehr schnell brennbare Dämpfe entstehen und somit eine hohe Brandgefahr besteht. Ausgelaufener Dieselkraftstoff (niedriger Dampfdruck ca. 4 mbar) dagegen entwickelt wesentlich schwerer und langsamer brennbare Dämpfe, weshalb die Brandgefahr vorhanden, aber nicht so hoch ist.

2.1.3 Gasdichte (Dampfdichte)

Die Gas- bzw. Dampfdichte bezeichnet die in g/l, g/dm^3 oder kg/m^3 gemessene Dichte eines Gases im Normalzustand. In der Technik versteht man unter der Gasdichte oft das Dichteverhältnis eines trockenen Gases zur Dichte trockener Luft (1,2928 g/l).

Für den Bereich des Atemschutzes ist es wichtig, ob ein gasförmiger Stoff schwerer oder leichter ist als die Umgebungsluft, um beispielsweise Messungen an Einsatzstellen gezielter durchführen zu können. Ebenso ist es wichtig zu wissen, wo die Gefahrenschwerpunkte liegen.

Atemgifte, die schwerer als die Umgebungsluft sind

Schwerer bedeutet, dass sich diese Stoffe in tiefer gelegenen Räumen, Gruben, Kanälen, Schächten und selbst in Bodenvertiefungen im Freien an windgeschützten Stellen sammeln können und dort gefährliche Konzentrationen annehmen können. Dämpfe von brennbaren Flüssigkeiten sind in der Regel schwerer als Luft. Freiwerdende Benzindämpfe können sich z. B. in der Kanalisation ausbreiten und an einer anderen Stelle durch eine Zündquelle gezündet werden.

Atemgifte, die leichter als die Umgebungsluft sind

Leichtere gasförmige Stoffe sind im Freien nur an der Entstehungsstelle oder der Austrittsöffnung gefährlich, da sie aufsteigen und sich durch Vermischen mit der Luft verdünnen. In geschlossenen Räumen sind sie gefährlich, wenn sie nicht über eine Entlüftungsöffnung entweichen können.

Die bei einem Brand durch thermische Zersetzung von Stoffen entstehenden brennbaren Gase nennt man Pyrolysegase. Sie sind heiß und steigen mit dem Rauch nach oben, wo sie sich an der Decke oder dem höchsten Punkt sammeln. Steigt die Temperatur an der Decke weiter an, so können sich diese Gase selbst entzünden. Gleichzeitig führen die zunehmend hohen Temperaturen zur vermehrten Bildung von Pyrolysegasen. Sie sind der Grund für die Raum- und Deckenkühlung bei der taktischen Vorgehensweise bei Bränden.

2.1.4 Flammpunkt

Der Flammpunkt (nach DIN EN ISO 2592:2018-01) ist die niedrigste Flüssigkeitstemperatur, bei der sich bei festgelegten Bedingungen aus einer Flüssigkeit Dämpfe in solchen Mengen entwickeln, dass sie mit der über der Flüssigkeit stehenden Luft ein durch Fremdzündung entflammbares Gemisch ergeben.

2.1.5 Geruchsschwelle

Die Geruchsschwelle ist kein absoluter Wert. Sie ist die Minimalkonzentration eines Stoffes, bei dem der Geruch gerade noch wahrnehmbar ist. Bei einigen Stoffen wie z. B. bei Ammoniak (NH_3), Chlor (Cl_2) oder Schwefelwasserstoff (H_2S) ist der Geruch schon weit vor Erreichen einer schädigenden Konzentrationen wahrnehmbar. Schwefelwasserstoff besitzt jedoch die gefährliche Eigenschaft, bei höheren Konzentrationen den Geruchssinn zu lähmen. Werden Filteratemschutzgeräte eingesetzt, müssen die Stoffe riechbar oder schmeckbar sein, damit der Atemschutzgeräteträger den Filterdurchbruch bemerken kann.

2.1.6 Sichtbarkeit

Manche Schadstoffe können je nach Konzentration aufgrund

- der Farbe, z. B. Chlor (Cl_2) oder Nitrose Gase, …

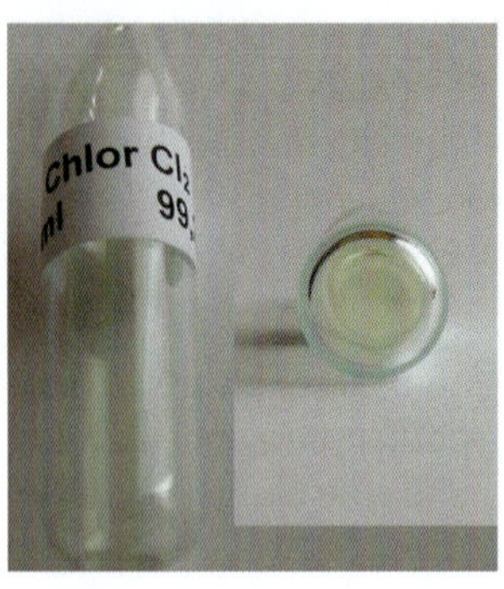

Abb. 2.2
Quelle: www.wikipedia.de

- durch Nebelbildung beim Ausströmen von unter Druck verflüssigten tiefkalten Gasen z. B. Kohlendioxid (CO_2), Ammoniak (NH_3) oder Stickstoff (N_2) oder
- durch Rauchbildung, z. B. konzentrierte Salzsäure (HCl)

sichtbar werden.

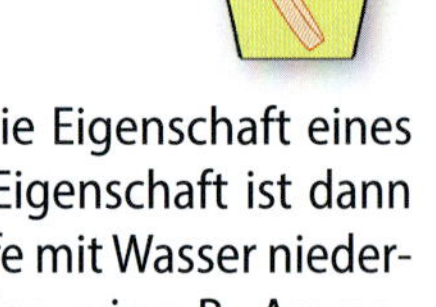

2.1.7 Wasserlöslichkeit

Unter Wasserlöslichkeit versteht man die Eigenschaft eines Stoffes, sich in Wasser zu lösen. Diese Eigenschaft ist dann von Bedeutung, wenn Gase oder Dämpfe mit Wasser niedergeschlagen oder abgelenkt werden sollen, wie z. B. Ammoniak (NH_3).

2.1.8 Zündgrenze/Explosionsgrenze

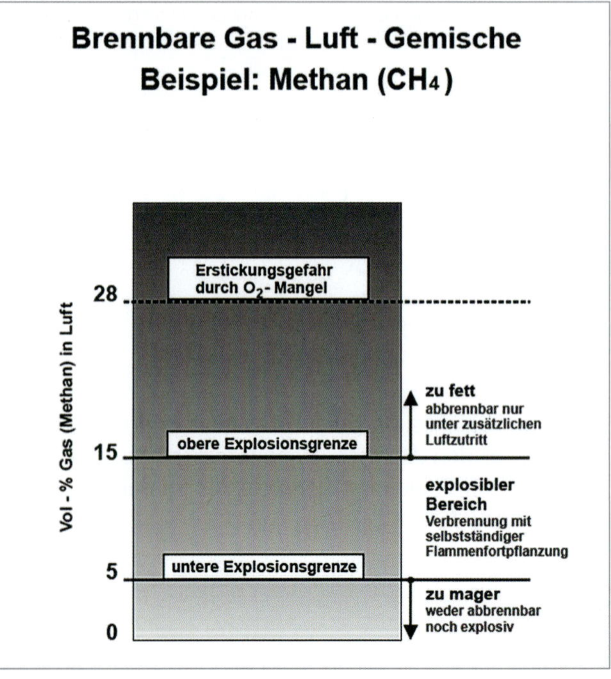

Abb. 2.3

Die Zündung von Gas-/Dampf-Luft-Gemischen ist nur innerhalb begrenzter Mischungsverhältnisse möglich. Die Grenzen, zwischen denen sich Gasgemische entzünden, werden als Zündgrenze oder Explosionsgrenze bezeichnet. Die obere Explosionsgrenze (OEG) ist die maximale und die untere Explosionsgrenze (UEG) die minimale noch zündbare Konzentration eines brennbaren Gases in Luft.

Merke

Manche Stoffe sind so gefährlich, dass wenn sie über die Haut oder die Atemwege während eines Einsatzes aufgenommen werden würden, sie eine große Gesundheitsgefahr für Einsatzkräfte wären. Deshalb werden manche Einsatzaufträge unter Atemschutz durchgeführt.

Diese sogenannten Atemgifte besitzen unterschiedliche Eigenschaften, die das Vorgehen des Atemschutztrupps beeinflussen können.

Besteht der Einsatzauftrag darin, eine Messung durchzuführen, hilft es weiter, wenn bekannt ist, ob ein Stoff schwerer oder leichter ist als Luft.

Ist ein Stoff sichtbar, kann er besser lokalisiert werden. Bildet er Nebel, kann er unsere Sicht auch im Freien behindern. Auch das Wissen, ob ein Stoff brennbar ist oder nicht, hilft dem Atemschutztrupp, sicherer vorzugehen.

2.2 Grenzwerte und Maßeinheiten

Um die Gefährlichkeit eines Stoffes/Gemisches beurteilen zu können, gibt es Grenzwerte. Damit in einem Einsatz eine Beurteilung möglich ist, müssen Messungen durchgeführt werden. Je nach Einsatzsituation kann es sein, dass ein Atemschutztrupp mit einem Messgerät in den Gefahrenbereich geschickt wird, um Messungen durchzuführen. Hierbei kommt es darauf an, die Messwerte und die Einheiten richtig abzulesen und weiterzugeben.

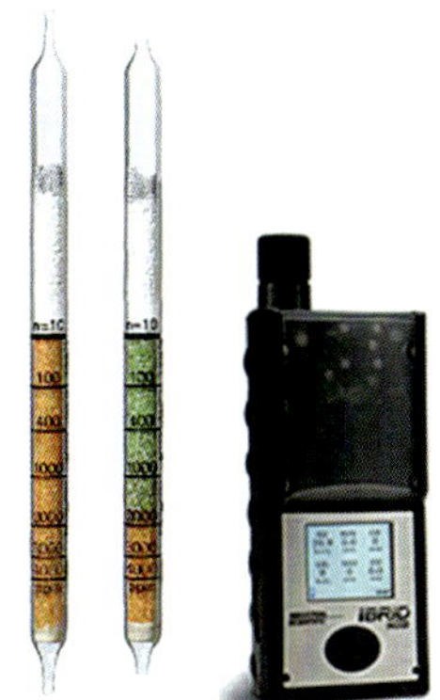

Abb. 2.4

Zunächst sind die im Arbeitsschutz verwenden Arbeitsplatzgrenzwerte für die Beurteilung von Feuerwehr- und Katastrophenschutzeinsätzen herangezogen worden.

2.2.1 AGW – Arbeitsplatzgrenzwert

Der AGW ist die höchstzulässige Konzentration eines Stoffes, die bei täglich 8-stündiger Exposition (durchschnittlich 40 Stunden Arbeitszeit pro Woche betrachtet auf Lebzeit) keine gesundheitliche Beeinträchtigung eines Arbeitnehmers hervorruft.

2.2.2 MAK – Maximale Arbeitsplatzkonzentration

Der MAK wurde durch den AGW ersetzt, die Definition des Grenzwerts ist jedoch dieselbe.

Diese Arbeitsplatzgrenzwerte sind aber nicht auf Einsatzsituationen angepasst. Aus diesem Grund wurden Anfang der 90er Jahre die Einsatztoleranzwerte erfasst.

2.2.3 ETW – Einsatztoleranzwert

Unterhalb des ETW kann von Einsatzkräften ohne Atemschutz bis zu **4 Stunden** gearbeitet werden. Es tritt keine, bzw. keine bleibende gesundheitliche Beeinträchtigung ein.

Ebenso gibt es die AEGL-Werte (Acute exposure guideline levels), die als Planungswerte für die sicherheitstechnische Auslegung von störfallrelevanten Anlagen dienen. Darüber hinaus können die Maßnahmen der Alarm- und Gefahrenabwehrplanung und des Katastrophenschutzes auf Grundlage des AEGL-Orientierungsrasters genauer geplant werden. Die AEGL-Werte sind toxikologisch begründete Spitzenkonzentrationswerte.

2.2.4 AEGL – Acute Exposure Guideline Levels/Störfall-Konzentrationsleitwert

Der AEGL 2 stellt die Schwelle zur gesundheitlichen Einschränkung dar. Unterhalb des Wertes sind bis zu einer Aufenthaltsdauer von **4 Stunden** die Fluchtmöglichkeiten nicht eingeschränkt und es bleiben keine dauerhaften Gesundheitsschäden zurück.

Einem ähnlichen Zweck wie die AEGL-Werte dienen die ERPG-Werte.

2.2.5 ERPG – Emergency Response Planning Guidelines

Der ERPG 2 hat bei Aufenthalt von **1 Stunde** vorübergehende Reizungen, jedoch keine dauerhaften oder schwerwiegenden Auswirkungen.

Es gibt nicht für alle Stoffe alle Grenzwerte, weshalb bei der Beurteilung von Schadstoffkonzentrationen und Gefährlichkeit stets der zugrunde liegende Grenzwert betrachtet werden muss.

Um dieser Schwierigkeit auch im internationalen Gebrauch entgegenzuwirken, werden die meisten Grenzwerte in die AEGL-Werte überführt. Für die ETW-Werte wurden inzwischen die AEGL2-Werte übernommen und um die Kurzzeitwerte für 1 Stunde erweitert.

Solange dieser Überführungsprozess andauert, werden die Grenzwerte zur Betrachtung einer Einsatzsituation herangezogen, die es gibt (bevorzugt AEGL2 (4h) bzw. ETW).

Für eine detailliertere Beschreibung siehe vfdb-Richtlinie 10/01 (Stand März 2022) und Informationen des Umweltbundesamtes.

2.2.6 Maßeinheiten von Konzentrationen

Die Konzentration von nichtflüchtigen Schwebstoffen in der Luft (Nebel, Stäube, usw.) wird als Masseneinheit Milligramm pro Kubikmeter Luft [mg/m^3] bzw. bei Gasen und Dämpfen in der Regel als Volumeneinheit Milliliter pro Kubikmeter Luft [ml/m^3] oder in parts per million [ppm] angegeben.

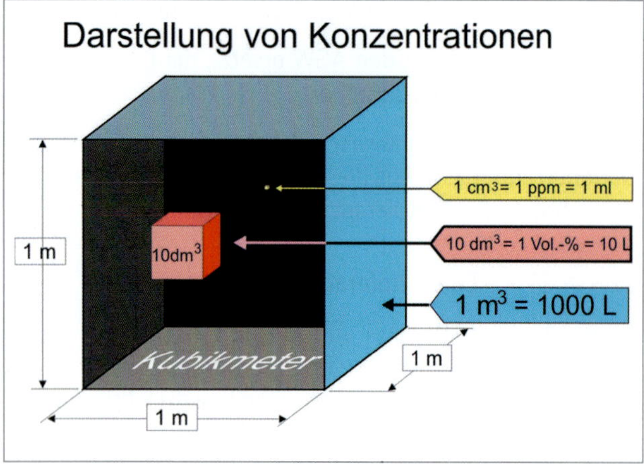

Abb. 2.5

Schwebstoffe sind Staub, Rauch und Nebel.

Staub ist eine feine Verteilung fester Stoffe in Luft, entstanden durch mechanische oder thermische Prozesse bzw. durch Aufwirbelung. Sägemehl in Schreinereien oder Mehl in Bäckereien sind klassische Beispiele für gefährliche Stäube, die im Brandeinsatz z. B. durch einen unkontrollierten Wasserstoß aufgewirbelt werden und eine Explosion verursachen können.

Rauch ist ein Aerosol von Gasen, Wassertröpfchen und Rußpartikeln in feinst verteilter Form, welches durch Verbrennungsprozesse entsteht. Je nach Ursache können auch weitere Partikel enthalten sein, z. B. Öltröpfchen und mineralische Stäube. Umgangssprachlich wird dichter, undurchsichtiger und gegebenenfalls dunkler Rauch als Qualm bezeichnet.

Nebel ist eine Verteilung flüssiger Stoffe in Luft, entstanden durch Kondensation oder durch Dispersion. Bei einem ungewollten Austritt von tiefkaltem Ammoniak in einem Eisstadion oder beim Auslösen einer CO_2-Löschanlage ist eine solche Nebelbildung zu beobachten.

Merke

Zu den Grenzwerten und Maßeinheiten hat der Atemschutzgeräteträger zu wissen, wie sie abzulesen sind bzw. wie sie für eine Lagemeldung ausgesprochen werden müssen.

2.2.7 Latenzzeit

Die Latenzzeit (lat. latere = verborgen sein) beschreibt die Zeit zwischen Kontakt z. B. mit einem Atemgift und dem Auftreten der ersten Anzeichen einer Erkrankung. Wird Chlor eingeatmet, so kann in Abhängigkeit von der aufgenommenen Chlormenge ein toxisches Lungenödem noch bis zu 48 Stunden nach dem Einatmen auftreten.

2.3 Einteilung der Atemgifte

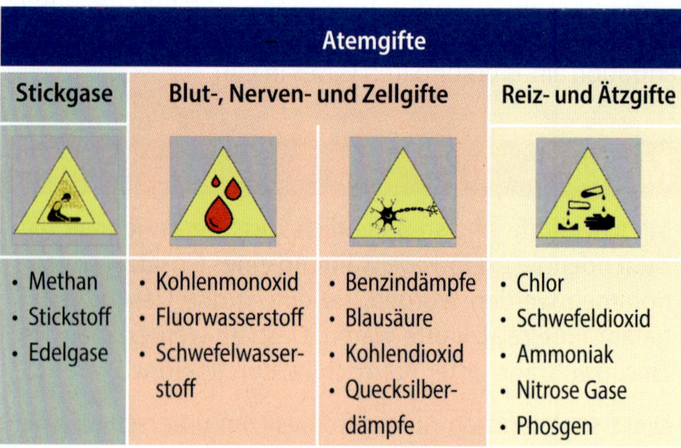

Atemgifte			
Stickgase	Blut-, Nerven- und Zellgifte		Reiz- und Ätzgifte
• Methan • Stickstoff • Edelgase	• Kohlenmonoxid • Fluorwasserstoff • Schwefelwasserstoff	• Benzindämpfe • Blausäure • Kohlendioxid • Quecksilberdämpfe	• Chlor • Schwefeldioxid • Ammoniak • Nitrose Gase • Phosgen

Abb. 2.6

Die schädlichen Folgen und Auswirkungen auf den ungeschützten Körper sind von Stoff zu Stoff verschieden. Sie sind abhängig von

- dem Wirkmechanismus des Giftes im Körper,
- der Höhe der eingeatmeten Konzentration und
- der Einwirkdauer.

Man unterscheidet die Atemgifte nach folgenden Wirkmechanismen:

Stickgase

Atemgifte, die ungiftig sind, aber bei Erreichen einer bestimmten Konzentration in der Luft befindlichen Sauerstoff lebensbedrohlich verdrängen.

Blutgifte

Atemgifte, die eine Sauerstoffaufnahme, den Sauerstofftransport oder die Sauerstoffabgabe beeinflussen.

Nervengifte

Atemgifte, die über die Blutbahn zu den Nervenzellen gelangen und das Nervensystem empfindlich stören.

Reiz- und Ätzgifte

Atemgifte, die wasserlöslich sind, reizend auf die Atemwege einwirken, in die Lunge gelangen und dort die Lungenbläschen zerstören.

Auch wenn radioaktive Substanzen nicht in die klassische Einteilung der Atemgifte passen, darf nicht vergessen werden, dass es feste, flüssige und gasförmige radioaktive Stoffe gibt, deren Einatmung oder Eindringen in den Körper (Inkorporation) auf jeden Fall durch geeignete Maßnahmen verhindert werden muss.

Atemgifte können zunächst ganz unterschiedliche Symptome, wie Kopfschmerzen, Übelkeit, Erbrechen oder Rausch- und Angstzustände, auslösen.

Ebenso sind Störungen des Gleichgewichts und Sehstörungen möglich.

Bestimmte Atemgifte wirken auf das Atemzentrum und können lebensbedrohlich auf die Atemfrequenz wirken.

Aggressive, reizende Atemgifte verätzen oder zerstören die Schleimhäute und die Lungenbläschen. Es kommt zu Flüssigkeitsansammlungen in der Lunge, der Gasaustausch wird verhindert, es kommt zum sog. Lungenödem.

Schädigungen, vor allem Folgeschäden aufgrund von Atemgiften sind sehr schwer abzuschätzen. Sie können über die vorher genannten Schädigungen bis hin zum Tod führen.

Die Ausführungen zeigen, dass eine scharfe Abgrenzung der Einteilung nach der Wirkung der Atemgifte schwer möglich ist, da eine Reihe von Atemgiften in mehrfacher Weise wirken. Trotzdem ist es zweckmäßig, für den Feuerwehreinsatz eine Einteilung nach der wesentlichen Wirkung auf den ungeschützten menschlichen Körper vorzunehmen.

2.3.1 Atemgifte mit erstickender Wirkung (Stickgase)

Zu dieser Gruppe von Atemgiften gehören die ungiftigen (toxikologisch indifferenten) Gase und Dämpfe. Sie sind völlig ungiftig, können aber bei einem hohen Anteil in der Atemluft Sauerstoffmangel hervorrufen. Das Bild „Sauerstoffmangel" zeigt die Verdrängungswirkung von 20 % Methan in der Atemluft. Es verdrängt jeweils den Stickstoff und den Sauerstoff entsprechend ihren Grundanteilen. Das Methan setzt den Sauerstoffgehalt um 1/5 von 21 Vol.-% auf 17 Vol.-% herab.

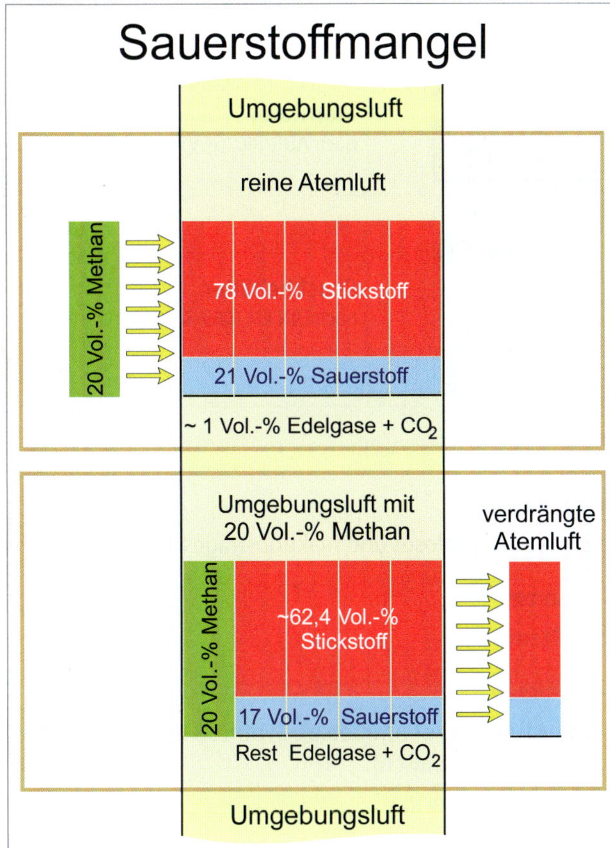

Abb. 2.7

Das Gleiche geschieht auch mit Stickstoff, nur zahlenmäßig anders. An diesem Beispiel erkennt man, dass die Stickgase dadurch von Bedeutung sind, dass sie die Konzentration des Sauerstoffs gefährlich herabsetzen. Die Wirkung des dadurch entstehenden Sauerstoffmangels wurde im Kapitel „Atmung" bereits beschrieben. Ansonsten haben sie auf den menschlichen Körper keine toxische Wirkung.

Tatsächlich werden sich in der Praxis die Gase untereinander mischen, sodass das Bild „Sauerstoffmangel" nicht den tatsächlichen Sachverhalt zeigt, sondern nur zum besseren Verständnis so dargestellt wurde.

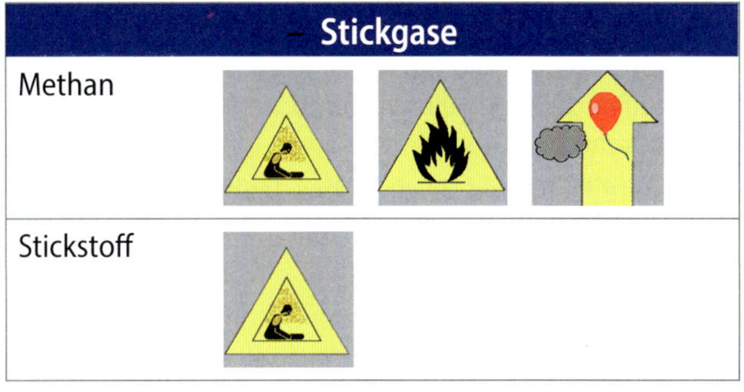

Abb. 2.8

2.3.1.1 Methan CH_4

Abb. 2.9

Beschreibung

brennbares, farbloses Gas

Aufnahme

über Atemwege

Vorkommen

- Hauptbestandteil von Erdgas (Gasversorgung in Gebäuden)
- Hauptbestandteil von Sumpf- und Grubengas

- Entsteht bei der Fäulnis organischer Substanzen unter Luftabschluss (Kanalisation, Jauchegruben, usw.)
- Biogas ca. 60 % CH_4, 35 % CO_2, 5 % Wasserstoff/Stickstoff/Schwefelwasserstoff
  (Aus Mist, Gülle, Klärschlamm und organischem Abfall entsteht Biogas in Biogasanlagen)
- Industrie (chemische Prozesse)

Wirkmechanismus

Verdrängt den Luftsauerstoff und wirkt erstickend

Symptomatik

- Methan besitzt keine spezifische Giftwirkung.
- In höheren Konzentrationen wirkt es infolge der Sauerstoffverdrängung einschläfernd, narkotisch bzw. erstickend.
- erhöhte Atem- und Herzfrequenz, Taubheit in den Extremitäten, Schläfrigkeit, Verwirrtheit

2.3.1.2 Stickstoff N_2

Kennzeichnung Stickstoff	
	Behältnisse, Verpackungen nach GHS
H280 H281	Enthält Gas unter Druck; kann bei Erhitzen explodieren. Oder enthält tiefgekühltes Gas; kann Kälte-Verletzungen verursachen.
20 1066	**Warntafel** nach ADR/RID/GGVSE
N	**Druckbehälter** nach DIN EN 1089-3: 2011-10

Abb. 2.10

Beschreibung

farbloses, geruchloses, geschmackloses und reaktionsträges Gas

Aufnahme

über Atemwege

Vorkommen

- Bestandteil der Umgebungsluft ca. 78 Vol.-%
- Industrie (Haber-Bosch-Verfahren zur Gewinnung von Ammoniak)
- Füllgas für Reifen großer Flugzeuge
- Schutzgasschweißen
- Inertgas (Messtechnik, Silos, Tankanlagen, usw.)
- Tiefbau (Bodenvereisung)
- Kühlmedium (Labor, Messtechnik, Supraleitertechnik, usw.)

Wirkmechanismus

verdrängt Sauerstoff

Symptomatik

- bei Kontakt mit dem verflüssigten tiefkalten Medium sind Erfrierungen möglich.
- beschleunigter Herzschlag, Übelkeit, Schwindel, Atemnot, Bewusstlosigkeit

2.3.1.3 Edelgase (Helium, Neon, Argon, Xenon)

Beispiel Argon

Kennzeichnung Argon	
	Behältnisse, Verpackungen nach GHS
H280 H281	Enthält Gas unter Druck; kann bei Erhitzen explodieren. Oder enthält tiefgekühltes Gas; kann Kälte-Verbrennungen oder Verletzungen verursachen.
20 1006	**Warntafel** nach ADR/RID/GGVSE
N	**Druckbehälter** nach DIN EN 1089-3: 2011-10

Abb. 2.11

Beschreibung

farbloses, geruchloses und reaktionsträges (inertes) Gas

Aufnahme

über Atemwege

Vorkommen

- Industrie (bei der Ammoniak-Synthese stehen bis zu 10 % im Gasgemisch)
- Schweißen (Inertgas)
- Löschanlagen

Wirkmechanismus

verdrängt Sauerstoff

Symptomatik

- bei Kontakt mit dem verflüssigten tiefkalten Medium sind Erfrierungen möglich
- beschleunigter Herzschlag, Übelkeit, Schwindel, Atemnot, Bewusstlosigkeit

2.3.2 Atemgifte mit Wirkung auf Blut, Nerven und Zellen

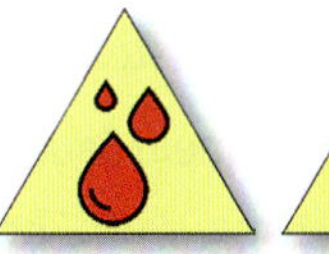
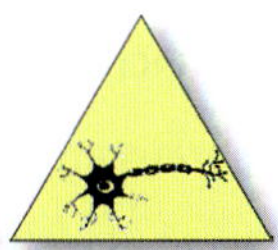

Diese Atemgifte wirken auf dem Weg über die Lunge auf das Blut oder die menschlichen Organe schädigend ein und rufen vorwiegend Funktionsstörungen hervor.

Sie bewirken hauptsächlich

- eine Störung der Sauerstoffaufnahme ins Blut
- eine Beeinträchtigung des Sauerstofftransportes durch das Blut
- eine Beeinträchtigung der Sauerstoffabgabe vom Blut an die Zellen

Sie lähmen oder beeinflussen das Nervensystem. Sie erzeugen Störungen der Steuer- und Regelfunktion des Organismus, des Gleichgewichts, des Sehvermögens und dergleichen. Ein wesentlicher Unterschied zur Gruppe der Stickgase besteht darin, dass sie bereits in geringen Konzentrationen solche Störungen auslösen können.

Atemgifte mit Wirkung auf Blut, Nerven und Zellen	
Blausäure	
Kohlendioxid	
Kohlenmonoxid	
Schwefelwasserstoff	
Fluorwasserstoff	
Benzindämpfe	
Benzoldämpfe	

Abb. 2.12

2.3.2.1 Blausäure HCN (Cyanwasserstoff)

Kennzeichnung Blausäure	
	Behältnisse, Verpackungen nach GHS
H224	Flüssigkeit und Dampf extrem entzündbar.
H300, 310, 330	Lebensgefahr bei Verschlucken, bei Hautkontakt oder bei Einatmen.
H372	Schädigt Organe bei längerer oder wiederholter Exposition.
H410	Sehr giftig für Wasserorganismen mit langfristiger Wirkung.
663 / 1051	**Warntafel** nach ADR/RID/GGVSE
N	**Druckbehälter** nach DIN EN 1089-3: 2011-10

Abb. 2.13

Beschreibung

Eine nach Bittermandel riechende, farblose bis leicht gelbliche, leicht flüchtige, brennbare und wasserlösliche Flüssigkeit. Der Siedepunkt liegt bei 26 °C. Ein Gemisch aus Luft und Cyanwasserstoffgas ist im Bereich von 5,4 bis 46,6 Vol.-% explosibel.

Aufnahme

über Atemwege und feuchte Haut

Vorkommen

- Industrie (Auslaugen von Gold, Galvanik, Organische Chemie, Kunststoffherstellung usw.)
- Brand (Verbrennung stickstoffhaltiger biologischer Materialien wie z. B. Wolle, Seide, Federn oder Verbrennung synthetischer Verbindungen wie z. B. Polyurethan-Schaum, Polyamidfasern)

Wirkmechanismus

blockiert das Enzymsystem der Zellatmung des gesamten Organismus

Symptomatik

Atemnot, Kopfschmerz, Schwindel, Erbrechen, Krämpfe, Ohnmacht

2.3.2.2 Kohlenmonoxid CO

Kennzeichnung Kohlendioxid	
 	**Behältnisse, Verpackungen** nach GHS
H220 H280 H331 H360D H372	Extrem entzündbares Gas. Enthält Gas unter Druck; kann bei Erhitzen explodieren. Giftig beim Einatmen Kann das Kind im Mutterleib schädigen. Schädigt die Organe usw.
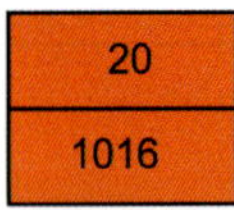	**Warntafel** nach ADR/RID/GGVSE
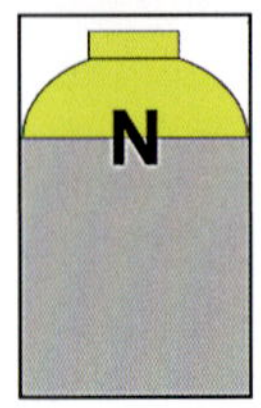	**Druckbehälter** nach DIN EN 1089-3: 2011-10

Abb. 2.14

Beschreibung

brennbares, farb-, geruch- und geschmackloses Gas

Aufnahme

über Atemwege

Vorkommen

- Brandrauch (unvollständige Verbrennung kohlenstoffhaltiger Substanzen)
- Industrie (Verwendung mit Wasserstoff als Synthesegas für Hydrierungen, Hochofenprozesse usw.)
- Holzkohlegrill in geschlossenen Räumen
- Lagerräume für Holzpellets bei Pelletheizungen

Abb. 2.15 *Quelle: www.wikipedia.de*

Wirkmechanismus

Blockade des roten Blutfarbstoffs Hämoglobin für den Sauerstofftransport. Kohlenmonoxid wird ca. dreihundert Mal stärker an das Hämoglobin gebunden als Sauerstoff. Ist einmal eine Bindung zwischen Kohlenmonoxid und dem Hämoglobin entstanden, ist diese aufgrund der stärkeren Bindung nur sehr schwer wieder zu lösen, selbst dann, wenn ausreichend Sauerstoff zur Verfügung steht.

Hieraus entsteht ein Sauerstoffmangel an den Geweben.

Die starke Neigung von CO, sich an das Hämoglobin zu binden, erklärt, wieso schon geringe Konzentrationen (>1 Vol.-% CO bei 21 Vol.-% Sauerstoff) Vergiftungserscheinungen hervorrufen.

Symptomatik

- Kopfschmerzen, Bewusstseinsstörungen bis Bewusstlosigkeit
- Atemnot, Atemstörungen bis Atemstillstand
- rosige Gesichtsfarbe, Herzklopfen, Ohrensausen, Augenflimmern, Krämpfe

Merke

Ist in der Umgebungsluft sowohl Sauerstoff als auch Kohlenmonoxid vorhanden, wird sich immer zuerst das Kohlenmonoxid in unserem Blut binden und dadurch den wichtigen Sauerstofftransport im Körper stören. Verletzte Personen ins Freie bringen, also in eine Umgebung mit ausreichend Sauerstoff, reicht nicht aus, um das Kohlenmonoxid wieder aus dem Körper zu bringen.

Kohlendioxid begegnet uns nicht nur im Brandrauch, es kann auch bei hilflosen Personen und Türöffnungen vorhanden sein, wenn z. B. Einweg- oder Holzkohlegrills in geschlossenen Räumen benutzt wurden. Auch in Lagerräumen für Holzpellets muss mit einer erhöhten Kohlenmonoxidkonzentration gerechnet werden.

Um hier Kohlenmonoxid feststellen zu können, haben viele Feuerwehren kleine wartungsfreie Messgeräte, die der Atemschutztrupp mit in den Einsatz nehmen kann.

2.3.2.3 Kohlendioxid CO_2

Kennzeichnung Kohlendioxid	
	Behältnisse, Verpackungen nach GHS
H280	Enthält Gas unter Druck; kann bei Erhitzen explodieren.
20 1013	**Warntafel** nach ADR/RID/GGVSE
N	**Druckbehälter** nach DIN EN 1089-3: 2011-10

Abb. 2.16

Beschreibung

geruchloses, unbrennbares, farbloses Gas

Aufnahme

über Atemwege

Vorkommen

- Löschanlagen (Produktionsgebäude, Elektrische Anlagen, usw.)
- Transport (in Kesselwagen unter Druck verflüssigt oder tiefkalt)
- Getränke (Kohlensäureanlagen in Gasthäusern usw.)
- Industrie (chemische Prozesse (Entfernung von Koffein aus Kaffee), Schlachtbetriebe, Kälteanlagen)
- Obstlagerung (z. B. Apfellagerhallen)
- entsteht bei Gärungsprozessen an Luft (Silos, Weinkeller, Jauchegruben, Höhlen, Brunnenschächte, Kanalisation)
- Bränden (vollständige Verbrennung)

Kesselwagen für verflüssigte, tiefgekühlt verflüssigte oder gelöste Gase
(z. B. Kohlendioxid CO_2, Chlor Cl_2, Ammoniak NH_3, …)

Abb. 2.17 *Quelle: ALSTOM:2006*

Wirkmechanismus

Da CO_2 schwerer ist als Luft, sinkt es zu Boden und verdrängt den in der Raumluft befindlichen Sauerstoff. CO_2 wird in der Medizin als Atemgift mit erstickender Wirkung geführt. Die haupttoxische Wirkung ist die O_2-Unterversorgung (Hypoxie), die zu Beginn der Intoxikation durch leicht erhöhte CO_2-Werte sogar noch zu gesteigerter Atemaktivität führt, die den Vorgang unterstützt. Zusätzlich führt es bei höheren CO_2-Konzentrationen zu Wirkungen am zentralen Nervensystem.

Symptomatik

- ab 1,5 Vol.-% CO_2 — beschleunigte, vertiefte Atmung
- ab 4–5 Vol.-% CO_2 — Blutdruckanstieg, später Blutdruckabfall
- ab ca. 8–10 Vol.-% CO_2 — schneller, z. T. unregelmäßiger Puls, Kopfschmerzen, Übelkeit und Erbrechen, Benommenheit/Verwirrtheit, Bewusstlosigkeit
- ab ca. 20 Vol.-% CO_2 — Tod

2.3.2.4 Schwefelwasserstoff H_2S

Kennzeichnung Schwefelwasserstoff	
	Behältnisse, Verpackungen nach GHS
H330 H220 H400 H280	Lebensgefahr bei Einatmen Extrem entzündbares Gas Sehr giftig für Wasserorganismen Enthält Gas unter Druck; kann bei Erhitzen explodieren
263 1053	**Warntafel** nach ADR/RID/GGVSE
N	**Druckbehälter** nach DIN EN 1089-3: 2011-10

Abb. 2.18

Beschreibung

farbloses, nach faulen Eiern riechendes Gas

Aufnahme

über die Atemwege

Vorkommen

- Industrie (Zellstoffverarbeitung, Gewinnung von Schwefel, usw.)
- Faulgas (es entsteht bei Zersetzung und Abbau von Biomasse)
- Labors

Wirkmechanismus

- H_2S zerstört den roten Blutfarbstoff, was zu einer Lähmung der intrazellulären Atmung führt.
- H_2S bildet bei Kontakt mit Schleimhäuten und Gewebeflüssigkeit im Auge, der Nase, des Rachens und in der Lunge Alkalisulfide, die sehr starke Reizwirkung verursachen.
- Der kleinere, nichtoxidierte Teil kann Schäden im zentralen und evtl. auch peripheren Nervensystem hervorrufen.

Symptomatik

- akute Schleimhautreizung der Augen und Atemwege, Atemnot
- Kopfschmerzen, Brechreiz, Kraftlosigkeit, Schwindel, Krämpfe
- Konzentrationen > 1000 ppm wirken unmittelbar tödlich
- in hohen Konzentrationen werden die Geruchssensoren betäubt und irreversibel geschädigt – Geruch wird dann nicht mehr wahrgenommen!

2.3.2.5 Fluorwasserstoff HF

Kennzeichnung Fluorwasserstoff

	Behältnisse, Verpackungen nach GHS
H330	Lebensgefahr bei Einatmen
H310	Lebensgefahr bei Hautkontakt
H300	Lebensgefahr bei Verschlucken
H314	Verursacht schwere Verletzungen der Haut und Augenschäden
886 / 1952	**Warntafel** nach ADR/RID/GGVSE
N	**Druckbehälter** nach DIN EN 1089-3: 2011-10

Abb. 2.19

Beschreibung

- farbloses, stechend riechendes, giftiges Gas bzw. Flüssigkeit, welches mit Wasser an feuchter Luft Fluorwasserstoffsäure (Flusssäure) bildet (an feuchter Luft rauchend)
- HF reagiert mit vielen Metallen unter Wasserstoffbildung sehr heftig
- HF reagiert mit den meisten organischen Materialien

Aufnahme

über Atemwege, Schleimhäute und Haut

Vorkommen

- Industrie (Lösungsmittel, Aluminiumherstellung, usw.)
- Labors (Lasergas, Ätzen von Metallen und Glas, usw.)

Wirkmechanismus

HF verursacht schwere, schlecht heilende und schmerzhafte Verätzungen, teilweise mit einer Latenzzeit von bis zu zwei Tagen. Im Zellstoffwechsel werden viele Enzyme gehemmt oder gestört. Das kann auch nach anfänglicher Besserung zu einer tödlich verlaufenden Vergiftung führen.

Symptomatik

- bei direktem Hautkontakt kommt es unter starken Schmerzen zu Rötungen und Blasenbildung.
- nach dem Einatmen kann es zu Husten, Halsschmerzen und Atemnot bis zu einem Lungenödem führen.

2.3.2.6 Benzin/Benzindämpfe (Kraftstoff)

Kennzeichnung Benzindämpfe

	Behältnisse, Verpackungen nach GHS
H224	Flüssigkeit und Dampf extrem entzündbar
H304	Kann bei Verschlucken und Eindringen in die Atemwege tödlich sein
H315	Verursacht Hautreizungen
H336	Kann Schläfrigkeit und Benommenheit verursachen
H340	Kann genetische Defekte verursachen
H350	Kann Krebs erzeugen
H361	Kann vermutlich die Fruchtbarkeit beeinträchtigen und das Kind im Mutterleib schädigen
H411	Giftig für Wasserorganismen, mit langfristiger Wirkung
268 / 1005	**Warntafel** nach ADR/RID/GGVSE

Abb. 2.20

Beschreibung

Bernsteinfarbene, charakteristisch riechende Flüssigkeit

Aufnahme

über Atemwege

Vorkommen

- Ottokraftstoff
- Erdölindustrie (Raffinerien, usw.)

Wirkmechanismus

greift Bronchien, Magen-Darm-Trakt, Gehirn und Herz an

Symptomatik

- Trunkenheitsgefühl, Kopfschmerzen, Rauschzustände und Brechreiz
- bei hohen Konzentrationen Bewusstlosigkeit, Atemstillstand

2.3.2.7 Benzol C_6H_6

Kennzeichnung Benzoldämpfe	
	Behältnisse, Verpackungen nach GHS
H225	Flüssigkeit und Dampf leicht entzündlich
H350	Kann Krebs verursachen
H340	Kann genetische Defekte verursachen
H372	Schädigt die Organe
H304	Kann bei Verschlucken und Eindringen in die Atemwege tödlich sein
H319	Verursacht schwere Augenreizungen
H315	Verursacht Hautreizungen
33 1114	**Warntafel** nach ADR/RID/GGVSE

Abb. 2.21

Beschreibung

- farblose bis schwach grünlichgelbe klare Flüssigkeit mit charakteristischem Geruch
- leicht flüchtig und leicht brennbar

Aufnahme

über Atemwege und Haut, krebserzeugend

Vorkommen

- Industrie (Kunststoffindustrie, Rohstoff zur Gewinnung von Industriechemikalien, usw.)
- in Kraftstoffen und Kraftstoffzusätzen (z. B. Antiklopfmittel in Benzin)
- Benzol ist in Testbenzin, Spezialklebern, Lacken, Farben, Universalverdünnern, Nitroverdünner und Kunstharzverdünnung enthalten.
- Benzol ist Bestandteil von Lösemitteln in Kautschuk, Wachsen und Ölen.

Wirkmechanismus

- Entfettung der äußeren Haut, starke Schleimhautreizung
- stark narkotisch, Schädigung des zentralen und peripheren Nervensystems
- Lähmung des zentrales Atem- und Kreislaufzentrums
- Schädigung der Leber und Nieren

Symptomatik

- Schwindelgefühl, Brechreiz, Benommenheit und Apathie
- Rauschzustand, Koma, Atemlähmung, Herzrhythmusstörungen

2.3.3 Atemgifte mit Reiz- und Ätzwirkung

Atemgifte mit Wirkung auf Blut, Nerven und Zellen
Ammoniak
Nitrose Gase
Chlorgas
Phosgen

Abb. 2.22

Das typische Kennzeichen dieser Atemgifte ist zum einen ihre unterschiedliche Wasserlöslichkeit, zum anderen ihre Reizwirkung auf Augen, Schleimhäute, Atemwege und die Haut. Durch diese Reizung tritt fast immer das Warnsystem unseres Körpers in Aktion mit der Möglichkeit, sich aus einem gefährdeten Bereich zu entfernen.

Gelangen solche Stoffe beim Einatmen in die Lunge, so lösen sie Epithelschäden der Atemwege (Zerstörungen der Lungenbläschen) aus. Es kommt zu Flüssigkeitsansammlungen in der Lunge, die den Durchgang des Sauerstoffs zum Blut verhindern und so den lebensnotwendigen Gasaustausch unterbinden (Lungenödem). Oft werden diese Auswirkungen und der volle Umfang der Schädigung erst nach einiger Zeit erkennbar (Latenzzeit), d. h., die Ursache wird zu spät erkannt, da eine momentan nur kleine Reizwirkung keinen Schluss auf bereits eingetretene schwerwiegende Schädigungen zulässt.

2.3.3.1 Chlor Cl_2

Kennzeichnung Chlorgas

Behältnisse, Verpackungen
nach GHS

H270	Kann Brand verursachen
H280	Enthält Gas unter Druck; kann bei Erhitzen explodieren
H330	Lebensgefahr bei Einatmen
H315	Verursacht Hautreizungen
H319	Verursacht schwere Augenreizung
H331	Giftig bei Einatmen
H335	Kann Atemwege reizen
H400	Sehr giftig für Wasserorganismen

265
1017

Warntafel
nach ADR/RID/GGVSE

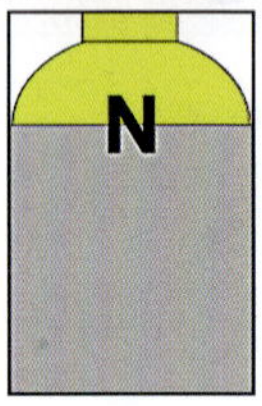

N

Druckbehälter
nach DIN EN 1089-3: 2011-10

Abb. 2.23

Beschreibung

grüngelbes, nicht brennbares scharf bzw. stechend riechendes Gas

Aufnahme

über Atemwege und Schleimhäute

Vorkommen

- Papier- und Textilindustrie (Bleichmittel)
- chemische Industrie (Ausgangsstoff für Herstellung von z. B. Pflanzenschutzmitteln, Kunststoffen, synthetischem Gummi, usw.)
- kann durch Säureeinwirkung (Badreiniger) aus hypochlorithaltigen Haushaltsprodukten (Chlorreiniger) freigesetzt werden
- Schwimmbäder und Wasseraufbereitungsanlagen (Desinfektionsmittel)

Wirkmechanismus

Chlorgas reagiert mit der Feuchtigkeit von Haut und Schleimhäuten sauer, was zu leichten Reizungen bis zur Zerstörung von Zellen führt.

Symptomatik

- Atembeschwerden, Schmerzen in der Brust, Atemnot, Stimmritzenkrampf, Lungenödem
- Hautreizungen
- bei Kontakt mit flüssigem Chlor kann es zu starken Verätzungen und zu Erfrierungen kommen
- der Kontakt mit den Augen führt zu Rötungen, Brennen, Tränenfluss usw.

2.3.3.2 Ammoniak NH_3

Kennzeichnung Ammoniak

Behältnisse, Verpackungen
nach GHS

H221	Entzündbares Gas
H280	Enthält Gas unter Druck; kann bei Erhitzen explodieren
H331	Giftig bei Einatmen
H314	Verursacht schwere Verätzungen der Haut und Augenschäden
H410	Sehr giftig für Wasserorganismen mit langfristiger Wirkung

268
1005

Warntafel
nach ADR/RID/GGVSE

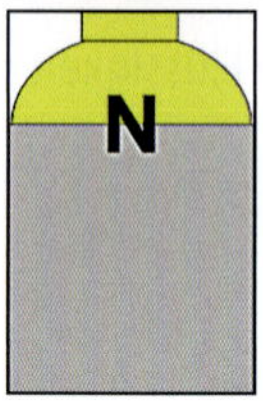

N

Druckbehälter
nach DIN EN 1089-3: 2011-10

Abb. 2.24

Beschreibung

sehr gut wasserlösliches, stechend riechendes Gas

Aufnahme

über Atemwege und Schleimhäute

Vorkommen

- chemische Industrie (Herstellung von Stickstoffdünger, usw.)
- in Kältemaschinen (Eislaufhallen, Kühlhallen, Herstellung von Fetten und Margarinen, usw.)
- Hygiene (Neutralisation von Formaldehyd und Chlor nach Desinfektion)

Wirkmechanismus

Ammoniak reagiert mit der Feuchtigkeit von Haut und Schleimhäuten stark alkalisch, was zu leichten Reizungen bis hin zur Zerstörung von Zellen führt.

Symptomatik

- Husten, Übelkeit, Brechreiz, Kopfschmerzen, Augenentzündung
- Stimmritzenkrampf und Lungenödem
- bei Kontakt mit flüssigem Ammoniak kann es zu Erfrierungen kommen
- Kontakt mit den Augen führt zu Rötungen, Brennen, Tränenfluss, usw.

2.3.3.3 Nitrose Gase (Gemisch aus verschiedenen Stickoxiden: Stickstoffmonoxid NO, Stickstoffdioxid NO_2 usw.)

Beschreibung

rotbraune, stechend riechende Gase

Aufnahme

über die Atemwege

Vorkommen

- Brand (Kunstdünger, usw.)
- Salpetersäurereaktion mit Metallen
- Glasbläserei bei der Heißverarbeitung von Glas
- Maissilierung, durch Trockenheit hat der Mais einen hohen Stickstoffanteil, der die Bildung von nitrosen Gasen bei der Silierung fördert

Symptomatik

- Hustenreiz, Bluthusten, Atembeschwerden, Sauerstoffmangel, Lungenödem, Kreislaufkollaps

2.3.3.4 Phosgen $COCl_2$

Kennzeichnung Phosgen	
	Behältnisse, Verpackungen nach GHS
H330	Lebensgefahr bei Einatmen
H314	Verursacht schwere Verätzungen der Haut und Augenschäden
H280	Enthält Gas unter Druck; kann bei Erhitzen explodieren
268 / 1076	**Warntafel** nach ADR/RID/GGVSE
N	**Druckbehälter** nach DIN EN 1089-3: 2011-10

Abb. 2.25

Beschreibung

giftiges, fauligsüß riechendes Gas

Aufnahme

über die Atemwege

Vorkommen

- Brand (bei unvollständiger Verbrennung von PVC)
- chemischer Kampfstoff
- Industrie (Herstellung von Kunststoffen, Zwischenprodukte zur Herstellung von Medikamenten, Farbstoffen und Insektiziden)

Wirkmechanismus

Phosgen reagieren mit der Feuchtigkeit von Haut und Schleimhäuten sauer, was zu leichten Reizungen bis zur Zerstörung von Zellen führt.

Symptomatik

- Reizung der Atemwege, Atemnot, Sauerstoffmangel, Lungenödem

2.3.3.5 Schwefeldioxid SO_2

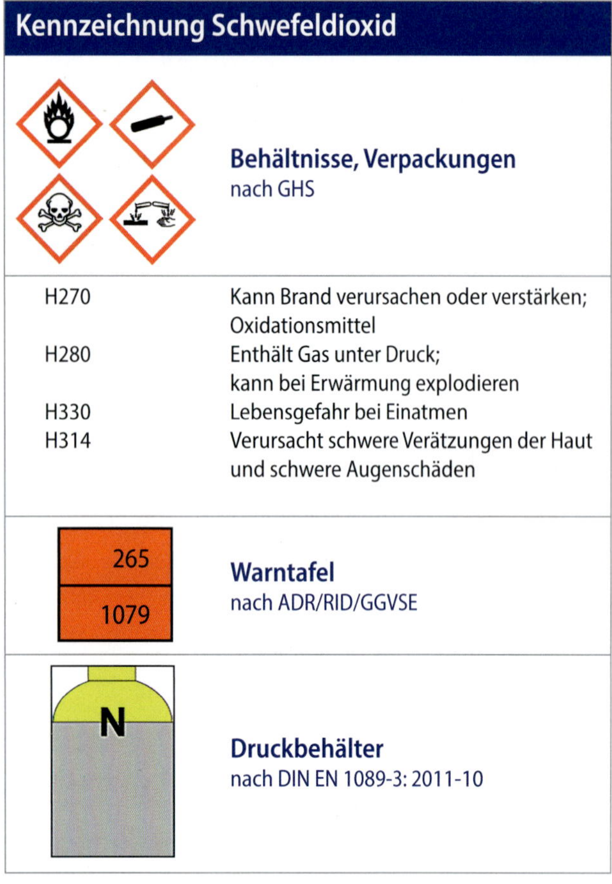

Kennzeichnung Schwefeldioxid	
	Behältnisse, Verpackungen nach GHS
H270	Kann Brand verursachen oder verstärken; Oxidationsmittel
H280	Enthält Gas unter Druck; kann bei Erwärmung explodieren
H330	Lebensgefahr bei Einatmen
H314	Verursacht schwere Verätzungen der Haut und schwere Augenschäden
265 / 1079	**Warntafel** nach ADR/RID/GGVSE
N	**Druckbehälter** nach DIN EN 1089-3: 2011-10

Abb. 2.26

Beschreibung

farbloses, nicht brennbares und stechend riechendes Gas

Aufnahme

über die Atemwege

Vorkommen

- Verbrennung von Kohle und Erdölprodukten
- Lebensmittelindustrie (Konservierungs- und Antioxidationsmittel E220, z. B. Ausschwefelung von Most- und Weinfässern, Schwefelung von Säften usw.)
- chemische Industrie (Herstellung von Schwefelsäure)
- Textilindustrie (Bleichmittel von Wolle, Stroh, usw.)

Symptomatik

- Husten, Atemnot, Entzündung der Atemwege und der Schleimhäute
- Reizung der Schleimhäute, vermehrter Tränenfluss

2.4 Kampfstoffe

Der Einsatz von C-Kampfstoffen hat das Ziel, eine zeitlich begrenzte Handlungsunfähigkeit auszulösen, eine Dauerschädigung oder den Tod herbeizuführen.

Ähnlich wie die Atemgifte werden auch chemische Kampfstoffe nach Art und Ort ihrer Wirkung in verschiedene Kampfstoffgruppen eingeteilt.

Kampfstoff-gruppe	Bezeichnung	Symbol (US-Abkürzung)
Lungen-kampfstoffe	– Phosgen (Carbonylchlorid) – Perstoff (Diphosgen) – Klop (Chlorpikrin)	CG DP PS
Haut-kampfstoffe	– Schwefel-Lost (S-Lost), (Yperit) – Stickstoff-Lost (N-Lost) – Lewisit – Nesselstoffe (z. B. Phosgenoxim)	HD HN L CX
Blut-kampfstoffe	– Arsenwasserstoff – Blausäure – Chlorcyan	SA AC CK
Nerven-kampfstoffe	– Tabun – Sarin – Soman – V-Kampfstoffe (z. B. VX)	GA GB GD V
Psycho-kampfstoffe	– Benzilsäureester	BZ

Zusammenfassung für den Atemschutzgeräteträger

Lernzielkatalog Atemschutzgeräteträger: Ausbildungseinheit „Atemgifte" [1 h]

Die Lehrgangsteilnehmenden müssen aufgrund der Eigenschaften und Wirkungen von Atemgiften wissen, wie sie sich bei Verdacht des Vorhandenseins von Atemgiften an der Einsatzstelle zu verhalten haben.

Inhalte	Die Lehrgangsteilnehmenden müssen	Hinweise
Eigenschaften von Atemgiften	wissen, dass Atemgifte verschiedene Eigenschaften haben	
Wirkung von Atemgiften	– wissen, dass es drei Arten von Atemgiften eingeteilt nach ihrer Wirkung in – erstickende Wirkung – Reiz- und Ätzwirkung – Wirkung auf Blut, Nerven und Zellen gibt. – erklären können, welche Auswirkungen der Totraum auf den Atemschutzeinsatz hat.	– Geruch (Wahrnehmungsmöglichkeiten von Atemgiften) - Erscheinungsbild (Nebel, Rauch ...) – Dichte (Leichter oder schwerer als Luft) – Brennbarkeit (Brand- und Explosionsgefahr)
Verhalten bei Verdacht des Vorhandenseins von Atemgiften	– Hinweis, die auf das Vorhandensein von Atemgiften hindeuten, erkennen können. – wissen, dass sie sich dann mit dem Einheitsführer in Verbindung zu setzen haben und Atemschutz sowie entsprechende PSA zu tragen haben.	– Hinweise z. B. Kennzeichnung, Nebel, Rauch, Verfärbung.

Lernerfolgskontrolle (LEK) – Lösungen auf Seite 10 –

2. Atemgifte

LEK2.1 Zu welchen Arten der Atemgifte gehören Methan, Kohlenmonoxid und Ammoniak? Erkläre, bei welchen Einsätzen Dir diese Atemgifte begegnen können.

LEK 2.2 Was bedeuten Untere Explosionsgrenze (UEG) und Obere Explosionsgrenze (OEG)?

a) Oberhalb der UEG kann es nicht zur Explosion des Dampf-/Luftgemischs kommen.

b) Unterhalb der OEG besteht eine Explosionsgefahr.

c) Zwischen UEG und OEG kann eine Explosion erfolgen.

LEK2.3 Mit welchen Gefahren ist bei Atemgiften zu rechnen, die schwerer als Luft sind?

a) In Kopfhöhe oder darüber besteht in der Regel keine Gefahr einer schädlichen Wirkung.

b) Gefährliche Konzentrationen des Atemgifts können in Kellern oder tiefergelegenen Räumen noch Stunden nach der Freisetzung bestehen.

c) Bei brennbaren Gasen kann eine Zündung z. B. in Gräben oder der Kanalisation noch in großer Entfernung (mehrere Kilometer) erfolgen.

LEK2.4 Brandrauch ist ein Gemisch unterschiedlicher Atemgifte. Welche schädlichen Wirkungen sind zu erwarten?

a) Brandrauch hat nur eine akute schädliche Wirkung. Langzeit- und Spätschäden sind nicht zu erwarten.

b) Die im Brandrauch enthaltenen Atemgifte haben Reiz- und Ätzwirkung und Wirkung auf Blut, Nerven und Zellen.

c) Vergiftungserscheinungen durch Brandrauch können auch verzögert (nach einer Latenzzeit) auftreten.

LEK2.5 Du hast bei einem Verkehrsunfall den Einsatzauftrag, zur Erkundung unter Atemschutz vorzugehen. Beim Annähern an die Unfallstelle siehst Du an einem Lkw folgende Beschilderung:

a) Ich bleibe so stehen, dass ich die Beschilderung gerade noch sehen kann, und mache sofort Meldung an den Einheitsführer, dass ich Hinweise auf Gefahrstoffe gefunden habe.

b) Ich gehe weiter vor und erkunde, ob irgendwo was ausläuft.

c) Ich gehe ohne Meldung zurück und mache dort Meldung an den Einheitsführer.

Lernerfolgskontrolle interaktiv
https://t1p.de/hyb85t

3. Atemschutztauglichkeit

3.1 Feststellung der körperlichen Eignung von Einsatzkräften der Feuerwehr nach DGUV-Empfehlung „Atemschutzgeräte"

3.1.1 Allgemeines

Die DGUV-Regel 112-190 „Benutzung von Atemschutzgeräten" hilft bei der Auswahl und dem Einsatz von Atemschutzgeräten für Arbeit und Rettung sowie für Fluchtzwecke. In dieser DGUV-Regel werden die Einteilung und Kennzeichnung von Atemschutzgeräten, die Auswahl geeigneter Atemschutzgeräte, die Atemschutzgerätetypen sowie deren Benutzung behandelt. Sie berücksichtigt alle im Folgenden aufgeführten Regeln und Vorschriften.

Da Angehörige von Feuerwehren in Baden-Württemberg bei der Unfallkasse Baden-Württemberg (UKBW) versichert sind, kommt die Pflicht, die körperliche Eignung von z. B. Atemschutzgeräteträger/innen der Feuerwehr im Rahmen der arbeitsmedizinischen Vorsorge mithilfe der Eignungsuntersuchung nach der DGUV Empfehlung „Atemschutz" feststellen zu lassen, aus der **DGUV-Vorschrift 49 „Feuerwehren"**.

Die Forderung zur Feststellung der körperlichen Eignung von Beschäftigten hat ihren gesetzlichen Ursprung in der **„Verordnung zur arbeitsmedizinischen Vorsorge" (ArbMedVV)** Stand 12/2008, zuletzt geändert 07/2019.

In dieser Überarbeitung gliedert die ArbMedVV die ehemaligen arbeitsmedizinischen Vorsorgeuntersuchungen (z. B. G 26 „Atemschutzgeräte") in Untersuchungen zur Vorsorge sowie zur Eignungsfeststellung.

Die mit der Verordnung geregelte arbeitsmedizinische Vorsorge dient nicht der Feststellung der Eignung für eine bestimmte Tätigkeit, sondern u. a. der Beratung von Beschäftigten und der Feststellung, ob bei Ausübung einer bestimmten Tätigkeit ein erhöhtes gesundheitliches Risiko besteht.

Eignungsuntersuchungen dienen der Feststellung, ob die vorhandenen physischen und psychischen Fähigkeiten der zu Untersuchenden für die jeweilig zu betrachtende Tätigkeit ausreichend sind.

Hieraus ergibt sich auch, dass der Unternehmer keine Beschäftigten mit Arbeiten beauftragen darf, für die sie nicht geeignet sind.

Wieso betrifft dies nun die Feuerwehren?

Es gibt speziell für Feuerwehrtätigkeiten keine festgelegten Untersuchungen. Aus diesem Grund wird auf die im Arbeitsschutz vorhandenen Untersuchungen zurückgegriffen.

Im **§ 6 (3) „Persönliche Anforderung und Eignung"** ist zu finden, dass für den Feuerwehrdienst nur körperlich geeignete Feuerwehrangehörige eingesetzt werden dürfen.

Besondere Anforderungen an die körperliche Eignung werden insbesondere an Feuerwehrangehörige gestellt, die z. B. als Atemschutzgeräteträger (**DGUV-Empfehlung „Atemschutzgeräte (Eignungsbeurteilung)"**) oder als Taucher (**DGUV-Empfehlung „Überdruck (Arbeiten in Druckluft und Tauerarbeiten)"**) eingesetzt werden.

Auch die **Feuerwehrdienstvorschrift 7 (FwDV 7)** „Atemschutz" stellt an Atemschutzgeräteträger die Anforderung, dass diese körperlich geeignet sein müssen. Gleiches ergibt sich für Taucher aus der **Feuerwehrdienstvorschrift 8 (FwDV 8) „Tauchen"**.

Die Notwendigkeit für Eignungsuntersuchungen kann sich auch unabhängig von der DGUV-Vorschrift 49 „Feuerwehren" aus der Gefährdungsbeurteilung ergeben und für Eignungsuntersuchungen von Beschäftigten der Feuerwehr (z. B. hauptamtliche Einsatzkräfte) arbeitsrechtlich festgeschrieben sein, unabhängig von der Vorsorge nach der ArbMedVV, z. B. für Ausbilder in der Heißausbildung.

Die aktuellen Änderungen im staatlichen Regelwerk haben daher keine Auswirkung auf die Eignungsuntersuchung der ehrenamtlichen Feuerwehrangehörigen.

Diese gesundheitliche Eignung ist durch

- einen Facharzt der Arbeitsmedizin bzw. durch einen Arzt durchzuführen, der die Zusatzbezeichnung „Betriebsmedizin" trägt, oder durch
- einen geeigneten Arzt (geeignet nach DGUV-Vorschrift 49 „Feuerwehren") durchzuführen.

Als Richtlinie mit empfehlendem Charakter dient den Ärzten die DGUV-Empfehlung für arbeitsmedizinische Beratungen und Untersuchungen.

Der Atemschutzgeräteeinsatz belastet den Geräteträger im Feuerwehreinsatz besonders durch

- das Gewicht des Atemschutzgerätes und der Persönlichen Schutzausrüstung (ca. 25 kg)
- die Ein- und Ausatemwiderstände
- den Totraum
- die Benutzungsdauer
- die Beeinflussung des Wärmehaushaltes
- psychische Einflüsse wie z. B. Stress oder Klaustrophobie (Raumangst).

Nach der Verordnung zur arbeitsmedizinischen Vorsorge wird durch den Ausschuss für Arbeitsmedizin die Arbeitsmedizinische Regel (AMR) und Empfehlungen erarbeitet. Die AMR 14.2 „Einteilung von Atemschutzgeräten in Gruppen" teilt die Atemschutzgeräte nach Gerätegewicht und Druckdifferenzen bei der Ein- und Ausatmung in 3 Gruppen ein:

Gruppe 1 Gerätegewicht bis 3 kg

Atemwiderstände sind gering (bis 5 mbar)

Beispiele
- Partikelfilter der Klasse P1 und P2
- Partikelfiltrierende Halbmasken FFP1, FFP2
- Druckluft-Schlauchgeräte
- Gebläseunterstützte Filtergeräte mit Voll- und Halbmaske

Gruppe 2 Gerätegewicht zwischen 3 und 5 kg oder Atemwiderstand über 5 mbar

Beispiele
- Filtergeräte mit Partikelfilter der Klasse P3
- Partikelfiltrierende Halbmasken FFP3
- Filtergeräte mit Gasfilter und Kombinationsfilter aller Filterklassen
- Regenerationsgeräte unter 5 kg
- Schutzanzüge in Verbindung mit Filtergeräten

Gruppe 3 Gerätegewicht über 5 kg

Beispiele
- Pressluftatmer
- Regenerationsgeräte über 5 kg

Für das Tragen von Atemschutzgeräten für Flucht und Selbstrettung bis maximal 5 kg, wie z. B. von

- Brandfluchthauben
- Druckluft-Selbstretter mit Haube
- Sauerstoffselbstretter

ist keine arbeitsmedizinische Vorsorgeuntersuchung notwendig.

Die DGUV-Empfehlung „Atemschutzgeräte" sind analog der o. a. Gruppeneinteilung gegliedert.

3.1.2 Untersuchungsfristen

Arbeitsmedizinische Vorsorgeuntersuchungen sind seit 2022 in dem Buch „DGUV Empfehlungen für arbeitsmedizinische Beratungen und Untersuchungen" beschrieben.

Es empfiehlt sich, die Erstuntersuchung zur Eignungsbeurteilung zum Tragen von Atemschutzgeräten so zeitnah wie möglich vor Beginn der Tätigkeit (hierzu zählt auch die Ausbildung) durchzuführen. Problematisch wird es dann, wenn die G26.3 beim Übertritt von der Jugendfeuerwehr in die aktive Abteilung im Alter von 18 Jahren als Tauglichkeitsuntersuchung für den Feuerwehrdienst benutzt wird. In der Regel wird die Untersuchung mit einer Gültigkeit von 3 Jahren/36 Monaten ausgestellt. Findet aber beispielsweise erst nach 2 Jahren ein Atemschutzgeräteträgerlehrgang statt, ist die Untersuchung ebenfalls 2 Jahre alt und der zukünftige Atemschutzgeräteträger auch 2 Jahre älter. In dieser Zeit kann sich der körperliche Zustand sehr verändern.

Merke

Die Eignungsuntersuchung nach der DGUV-Empfehlung „Atemschutzgeräte" hat so zeitnah wie möglich vor Beginn des Atemschutzgeräteträgerlehrgangs stattzufinden.

Die Untersuchungsfristen für die Eignungsbeurteilung sind nicht die Fristen für die Vorsorgeuntersuchung. Die geltenden Untersuchungsfristen hat die Unfallkasse Baden-Württemberg UKBW in ihrer „Ärztlichen Bescheinigung über die Eignungsbeurteilung von Einsatzkräften der Freiwilligen Feuerwehr" (FBFHB-011) wie folgt dargestellt:

Gefährdende Tätigkeit	Nachuntersuchungsfristen
Tragen von Atemschutzgeräten	
Personen bis 50 Jahre	36 Monate
Personen über 50 Jahre	
– Gerätegewicht bis 5 kg	24 Monate
– Gerätegewicht über 5 kg	12 Monate
Tauchen (Feuerwehrtauchen)	12 Monate

Erstuntersuchung

Vor Aufnahme der Tätigkeit zum Atemschutzgeräteträger (frühestens ab dem 18. Lebensjahr). Die Untersuchung kann – nach Entscheidung des Arztes – auch schon vor dem 18. Geburtstag erfolgen.

Der 50. Geburtstag wird unabhängig von der Gültigkeit der Eignung erneut Anlass zur Nachuntersuchung.

Vorzeitige Nachuntersuchung

- nach mehrwöchiger Erkrankung oder körperlicher Beeinträchtigung
- nach ärztlichem Ermessen in Einzelfällen
- bei Hinweisen auf gesundheitliche Probleme, die die Atemschutztauglichkeit beeinflussen können
- Leistungsprobleme bei Einsätzen oder Übungen (z.B. Belastungsübung)
- auf Wunsch eines Atemschutzgeräteträgers, der einen ursächlichen Zusammenhang zwischen gesundheitlichen Beschwerden und seiner Tätigkeit unter Atemschutz sieht

Eine vorzeitige Nachuntersuchung kann sowohl vom Vorgesetzten (z.B. Kommandant) als auch vom Atemschutzgeräteträger verlangt werden.

Merke

Die Eignungsfeststellung zum Tragen von Atemschutzgeräten bei der Feuerwehr hat ein geeigneter Arzt durchzuführen. Welche Ärzte das sind, wird auf Standortebene (Gemeinde/Kreis) geregelt.

Bis zum 50. Geburtstag hat die Nachuntersuchung alle 3 Jahre/36 Monate stattzufinden. Ab dem 50. Geburtstag ist sie jedes Jahr bzw. alle 12 Monate durchzuführen.

3.1.3 Untersuchungsprogramm

Die Untersuchung hat stets im Hinblick auf die Tätigkeit und die Umgebungsbedingungen zu erfolgen. Folgende Situationen können beispielsweise für den Feuerwehreinsatz zutreffen (Einsatzkleidung der Art des Atemschutzeinsatzes angepasst):

Atemschutz	Einsatzzeit	Bemerkung
Atemfilter ABEK2-P3	bis Filter gesättigt oder Arbeitsauftrag erledigt	Einsatz im Freien, erhöhter Atemwiderstand
Atemfilter + leichter Chemieschutzanzug	bis Filter gesättigt, Arbeitsauftrag erledigt oder abgelöst wird	Wärmestau durch Anzug, erhöhter Atemwiderstand
Pressluftatmer	ca. 30 Minuten	Wärmestau durch Brandschutzkleidung, Hitzeeinwirkung
Pressluftatmer + Chemikalienschutzanzug	ca. 20 Minuten, evtl. zusätzliche Dekontaminationszeit unter Filter	Wärmestau durch Anzug
Regenerationsgerät	max. bis zu 4 Stunden	leichte bis starke Erwärmung der Atemluft, lange Einsatzdauer

Neben der Feststellung der allgemeinen medizinischen Vorgeschichte entscheidet der Arzt nach ärztlichem Ermessen den Umfang der speziellen Untersuchungen. Hierzu können gehören:

Röntgenaufnahme des Brustkorbes (Thorax)

Kann unter Berücksichtigung der Anamnese erforderlich sein bei

- der Erstuntersuchung
- der Nachuntersuchung

Lungenfunktionsprüfung (Spirometrie)

Vitalkapazität, 1-Sekundenkapazität, Flussvolumenkurve

EKG in Ruhe und unter Belastung

Bis einschließlich 39. Lebensjahr

Sollwert (W170)	Männer	3,0 Watt/kg Körpergewicht
	Frauen	2,5 Watt/kg Körpergewicht

Ab dem 40. Lebensjahr

Sollwert (W150)	Männer	2,1 Watt/kg Körpergewicht
	Frauen	1,8 Watt/kg Körpergewicht

Das Belastungs-EKG ist in der Regel in sitzender Weise durchzuführen. Die Belastung zu Beginn liegt meist zwischen 50 und 100 Watt, kann jedoch unter Berücksichtigung der auszuübenden Tätigkeit auch höher liegen. Eine Steigerung der Belastung erfolgt alle 2 Minuten um 25 Watt. Die Gesamtdauer der Belastung soll 12 Minuten nicht überschreiten.

Korrigierte Sehschärfe Nähe und Ferne

Die korrigierte Sehschärfe sollte für die Ferne unter 0,7/0,7 und die für die Nähe unter 0,5/0,5 liegen.

Hörtest Luftleitung

Ein einfacher Hörtest – ohne besondere Apparatur – reicht aus, um eine schwere Schwerhörigkeit auszuschließen. Atemschutzgeräteträger sind darauf angewiesen, das Warnsignal des Atemschutzgeräts sowie den Funkverkehr bei starken Hintergrundgeräuschen zu hören.

Ohrenspiegelung des äußeren Gehörgangs und des Trommelfells (Otoskopie)

Blutbild

In der Regel wird der Arzt ein kleines Blutbild auswerten.

Die Zusammensetzung des Blutes kann dem Arzt wichtige Hinweise auf vorliegende Erkrankungen liefern, denn viele Krankheitsbilder verändern die Menge der im Blut treibenden Zellen oder der darin gelösten Substanzen.

Urinstatus

Durch die Untersuchung des Urins können Hinweise auf Krankheiten des Nieren- und Harnsystems entdeckt werden, aber auch auf Stoffwechselerkrankungen wie Diabetes.

SGPT (ALAT) bzw. Alanin-Aminotransferase

Ein Wert für ein Enzymsystem der Leber, der bei Erhöhung ein Zeichen für Erkrankungen der Leber sein kann. Er kann aber ebenso steigen bei Viruserkrankungen (z. B. Pfeiffersches Drüsenfieber).

Gamma-GT (γ-GT)

Die Gamma-GT ist ein Enzym, das in vielen Körperzellen des Organismus vorkommt. Sie ist aber nicht nur für den Menschen spezifisch. Vielmehr finden wir sie auch bei Säugetieren und sogar bei Pilzen und Bakterien. Das Enzym unterstützt das Abwehrsystem des Organismus gegen ROS (reaktive Sauerstoffspezies oder freie Radikale). Sie befindet sich auch auf den Leberzellen, weshalb Schädigungen an der Leber schnell an den γ-GT-Werten zu sehen ist.

Kreatinin im Serum

Kreatinin ist ein Abbauprodukt der Säure Kreatin, die die Muskeln mit Energie versorgt. Kreatin wird in der Niere, in der Leber und in der Bauchspeicheldrüse aus den Aminosäuren Glycin und Arginin gebildet. Etwa 1,5 bis 2 % des Kreatins wird täglich als Kreatinin über die Nieren mit den Urin ausgeschieden.

Wie viel Kreatinin ein Mensch ausscheidet, hängt von seiner Muskelmasse und der Nierenfunktion ab. Anhand des Kreatinin-Werts lässt sich also die Nierenfunktion beurteilen.

Zu hohe Kreatinin-Werte können auf eine Nierenschwäche, Verletzungen der Muskulatur, Muskeldystrophie oder eine Entzündung der Haut und Muskulatur hindeuten. Auch nach Sport, Krampfanfällen und nach Injektionen in die Muskulatur (z. B. Impfungen) können die Werte erhöht sein.

Nüchtern-Blutzucker (bei auffälligem Gelegenheits-Blutzucker)

Nüchtern-Blutzucker bezeichnet den morgens vor der ersten Nahrungsaufnahme gemessenen Gehalt von Traubenzucker (Glukose) im Blut. Beim Verdacht auf Diabetes mellitus ist die Bestimmung des Nüchtern-Blutzuckers meist der erste Diagnoseschritt. Für die Untersuchung entscheidet der untersuchende Arzt im Einzelfall, ob ein Nüchtern-Blutzucker erforderlich ist oder ein Gelegenheits-Blutzucker ausreicht, bei dem der Proband nicht nüchtern sein muss.

3.1.4 Ärztliche Bescheinigung

Der untersuchende Arzt hat auf folgendem Vordruck des Unfallversicherers das Ergebnis zu dokumentieren.

Für den Atemschutzverantwortlichen ist das Untersuchungsergebnis des Arztes im Vordruck genau zu prüfen.

Stellt der Arzt „nicht geeignet" fest oder kreuzt er „geeignet unter folgenden Voraussetzungen" an, ohne diese Voraussetzungen näher zu beschreiben, ist das Ergebnis für den Atemschutzverantwortlichen nicht zu interpretieren. Aufgetretene Probleme während der Untersuchung unterliegen der ärztlichen Schweigepflicht.

Für einen Einsatz als Atemschutzgeräteträger muss der untersuchende Arzt den Geräteträger als „geeignet" oder „geeignet unter folgenden Voraussetzungen" bescheinigen. Die Voraussetzungen sind häufig z. B. das Tragen einer Sehhilfe oder auch die Verkürzung der Frist zur Nachuntersuchung.

Sind Bemerkungen vorhanden, dass z. B. Atemschutz getragen, aber keine körperliche schwere Arbeit verrichtet werden darf, kann der Atemschutzverantwortliche den Atemschutzgeräteträger nicht einsetzen, da im Feuerwehreinsatz immer mit körperlicher schwerer Arbeit zu rechnen ist. Selbst die Ausbildung und die Übungen zum Erhalt der Qualifikation zum Atemschutzgeräteträger (z. B. Belastungsübung) ist schwere körperliche Arbeit, die derjenige dann nicht durchführen dürfte. Hier unterscheidet sich das Tragen von Atemschutz für den Feuerwehreinsatz und das Tragen von Atemschutz am Arbeitsplatz, was z. B. auch ein Atemschutzeinsatz beim Staplerfahren oder beim Bedienen einer Maschine sein kann.

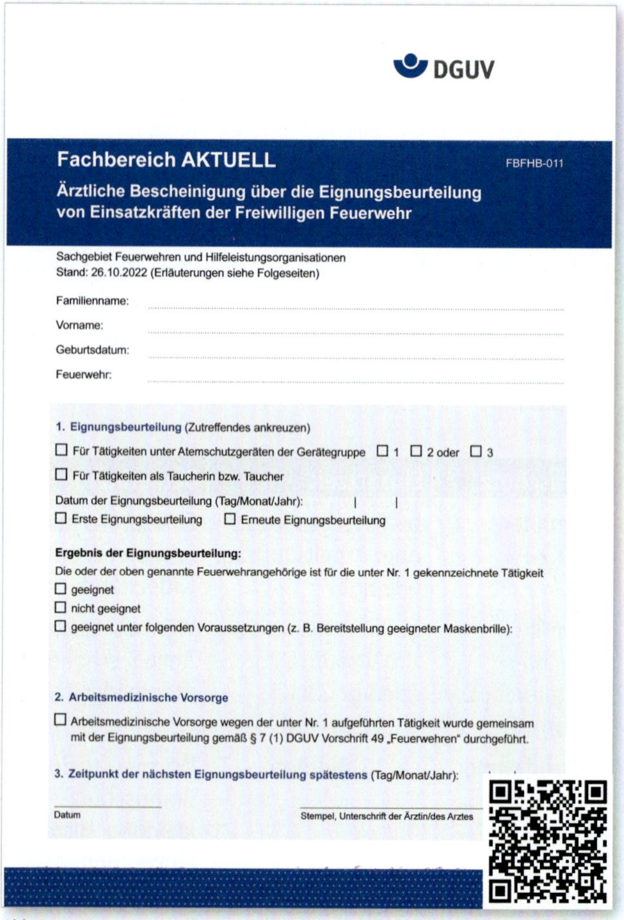

DGUV

Fachbereich AKTUELL FBFHB-011

Ärztliche Bescheinigung über die Eignungsbeurteilung von Einsatzkräften der Freiwilligen Feuerwehr

Sachgebiet Feuerwehren und Hilfeleistungsorganisationen
Stand: 26.10.2022 (Erläuterungen siehe Folgeseiten)

Familienname: ……
Vorname: ……
Geburtsdatum: ……
Feuerwehr: ……

1. Eignungsbeurteilung (Zutreffendes ankreuzen)

☐ Für Tätigkeiten unter Atemschutzgeräten der Gerätegruppe ☐ 1 ☐ 2 oder ☐ 3
☐ Für Tätigkeiten als Taucherin bzw. Taucher
Datum der Eignungsbeurteilung (Tag/Monat/Jahr): | |
☐ Erste Eignungsbeurteilung ☐ Erneute Eignungsbeurteilung

Ergebnis der Eignungsbeurteilung:
Die oder der oben genannte Feuerwehrangehörige ist für die unter Nr. 1 gekennzeichnete Tätigkeit
☐ geeignet
☐ nicht geeignet
☐ geeignet unter folgenden Voraussetzungen (z. B. Bereitstellung geeigneter Maskenbrille):

2. Arbeitsmedizinische Vorsorge

☐ Arbeitsmedizinische Vorsorge wegen der unter Nr. 1 aufgeführten Tätigkeit wurde gemeinsam mit der Eignungsbeurteilung gemäß § 7 (1) DGUV Vorschrift 49 „Feuerwehren" durchgeführt.

3. Zeitpunkt der nächsten Eignungsbeurteilung spätestens (Tag/Monat/Jahr):

Datum — Stempel, Unterschrift der Ärztin/des Arztes

Abb. 3.1

3.2 Körperliche Fitness

Die Eignungsuntersuchung hat zwar bis zu drei Jahren Gültigkeit, spiegelt aber dennoch nur eine Momentaufnahme des Gesundheits- und Fitnessstandes wider.

Jeder Atemschutzgeräteträger ist zuerst einmal für sich selbst verantwortlich. Er kennt sich am besten und entscheidet deshalb auch, ob er bei der Ausbildung, der Übung oder dem Einsatz einsatztauglich ist. Doch auch das ist nur eine Momententscheidung. Er ist auch für seinen Gesundheitszustand verantwortlich und dafür, dass die Tauglichkeit erhalten bleibt. Dies kann mit geringem sportlichem Zeitaufwand erreicht werden.

Atemschutzeinsätze sind körperliche und psychische Schwerstarbeit, die an Spitzenbelastung grenzt.

Nicht nur Ausdauer und Kondition, sondern auch Kraft und Beweglichkeit werden benötigt, um den Anforderungen eines anstrengenden Atemschutzeinsatzes gerecht zu werden.

Aber nicht nur die reine körperliche Arbeit belastet den Körper. Der psychische Stress in Einsatzsituationen kann vom Körper nahezu dieselbe Kraftanstrengung abverlangen. Das Trainieren von unvorhersehbaren Ereignissen (z. B. Flaschenventil zu) und das Notfalltraining sind mit der Änderung der FwDV 7 im Jahre 2002 als ein wichtiger Bestandteil der Aus- und Fortbildung mit aufgenommen worden.

3.2.1 STATT-Studie

Im Jahre 2002 wurde an der Landesfeuerwehrschule Baden-Württemberg die so genannte „STATT-Studie" durchgeführt. Ziel dieser Studie war es, die körperliche Anstrengung von Atemschutzgeräteträgern in einer Einsatzübung im Feuerwehr-Übungshaus unter einsatznahen Bedingungen zu erfassen.

Ergebnisse der Studie sind:

- kardiale Belastung des Herz-Kreislaufsystems für nicht trainierte Einsatzkräfte zu hoch
- Körpertemperatur erreicht kritisch hohe Werte
- hoher Flüssigkeitsverlust
- keine Thrombose-/Emboliegefahr
- keine langfristige gesundheitliche Gefährdung erkennbar

Aus der STATT-Studie ergeben sich so genannte „harte" und „weiche" Maßnahmen:

„harte" Maßnahmen

- Einsatzzeit unter PA maximal 30 Minuten
- Erholungspause nach dem Einsatz von mindestens gleicher Zeit (30 Minuten)
- unter PA-Lang und unter Kreislaufgeräten nur körperlich gut trainierte Feuerwehrangehörige einsetzen
- Rauchverbot im Einsatz und CO-Belastung vermeiden (Absaug-/Ableitsysteme)
- im Einsatz gehen statt laufen
- Flüssigkeitsverlust ausgleichen
- nach PA-Einsatz für Abkühlung sorgen
- rettungsdienstliche Versorgung sicherstellen, ggf. AED auf Löschfahrzeuge

„weiche" Maßnahmen

- Eingeständnis einer akuten Erkrankung als Maßnahme zur eigenen Sicherheit vergegenwärtigen
- gesundheitsbewusste Ernährung fördern
- Ausdauersport bei den Feuerwehren etablieren

Die STATT-Studie steht über die Homepage der Landesfeuerwehrschule www.lfs-bw.de zur Verfügung.

3.3 Fortbildung

Neben der Ausbildung zum Atemschutzgeräteträger und einer gültigen Untersuchung müssen zusätzlich innerhalb von 12 Monaten jeweils

- ➜ eine Unterweisung
- ➜ eine Belastungsübung sowie
- ➜ eine Einsatzübung oder ein Atemschutzeinsatz

durchgeführt werden.

Ist eine dieser Voraussetzungen für das Tragen von Atemschutz nicht erbracht, darf ein Atemschutzgeräteträger in Übung und Einsatz so lange keinen Atemschutz mehr tragen, bis alle Voraussetzungen wieder erfüllt sind.

3.3.1 Unterweisung – Belastungsübung – Einsatzübung

Die FwDV 7 führt hierzu unter „6. Aus- und Fortbildung" Folgendes aus:

> *„Ziel der Ausbildung ist die Befähigung zum Einsatz unter Atemschutz. Bei der Aus- und Fortbildung sollen sich die Einsatzkräfte an die mit dem Tragen von Atemschutzgeräten verbundenen erschwerten Einsatzbedingungen gewöhnen, sich gemäß den Einsatzgrundsätzen richtig verhalten und die Geräte fehlerfrei handhaben können. Hierfür sind Übungen anzusetzen, die Sicherheit im Umgang mit dem Gerät vermitteln, um auch in gefährlichen Situationen Ruhe und Besonnenheit zu bewahren."*
>
> *In der Aus- und Fortbildung müssen insbesondere folgende Tätigkeiten geübt werden:*

Ausbildungsinhalte und Tätigkeiten

Handhabung der Atemschutzgeräte

- Atemschutzgeräte anlegen, in Betrieb nehmen, ablegen und wechseln von Druckbehältern
- Durchführen der Einsatzkurzprüfung

Das Ausrüsten mit kompletter persönlicher Schutzausrüstung inklusive Atemschutzgerät kann z. B. als Wettbewerb auf Zeit trainiert werden. Zwei Trupps treten gegeneinander an, um sich unter Zeitabnahme komplett auszurüsten. Dies kann für das Anlegen von Atemschutz im oder außerhalb des Fahrzeuges geübt werden.

Um das Ausbildungsziel der Automatisierung wichtiger Handlungsabläufe zu erreichen, sollten die gegeneinander antretenden Trupps sich ca. 3- bis 5-mal im Wechsel ausrüsten. **Aber immer gilt: Sicherheit vor Schnelligkeit!**

Als weiteres Ergebnis kann als Vor- oder Nachbereitung zu diesem Wettbewerb ein Handlungsablauf (vielleicht als „Standard-Einsatz-Regel") erstellt werden. Dies ist eine weitere Hilfe, sich das Ausrüsten einheitlich, sicher und schnell anzueignen.

In diesen Handlungsablauf gehören z. B. auch die Einsatzkurzprüfung, das Anlegen des Feuerwehr-Haltegurts und das innerhalb des Trupps durchzuführende gegenseitige Kontrollieren.

Gewöhnung

- Tragen von Atemanschlüssen ohne und mit Gerät

Orientierung

- Begehen von abgedunkelten und mit Hindernissen versehenen Objekten
- Absuchen von verrauchten und abgedunkelten Objekten

Diese Übungsinhalte können in jedem noch so kleinen Feuerwehrhaus durchgeführt werden. Um eine Verdunkelung bzw. Verdunkelung mit Rauch zu simulieren, gibt es viele von technisch hoch entwickelten bis ganz einfachen Möglichkeiten wie z. B.:

- Übungsmasken, bei denen per Fernbedienung der Verrauchungs- und Verdunkelungsgrad aktiviert und angepasst werden kann.
- Aufsatzsichtscheiben mit eingeschränkter Sicht.
- OP-Einmalfüßlinge über den Scheibenrahmen der Maske spannen.
- Scheibe anfeuchten und ein Stück dunkler knisternder Mülltüte „aufkleben".

In Übungsräumen, Fahrzeughallen, Kellergängen usw. kann mit vorhandenem Inventar ein Hindernisparcours aufgebaut werden. Vordergründig ist hier das Training der Orientierung und nicht die einsatznahe Darstellung zu sehen. Aufschlussreich für alle Beteiligten ist, wenn die Trupps nach ihrer Begehung des Parcours oder eines Übungsobjekts anschließend versuchen, einen groben Grundriss zu zeichnen.

Körperliche Belastung

- schnelles Gehen
- Tragen von Lasten
- Begehen und Besteigen von Hindernissen
- Besteigen von Leitern
- Einsteigen in Behälter und in enge Schächte

Psychische Belastung

- Richtiges Verhalten bei Lärm
- Richtiges Verhalten bei plötzlich auftretenden unvorhersehbaren Ereignissen
- Richtiges Verhalten bei Fehlern an Geräten

In Stresssituationen stehen nur noch ca. 20 % des Denkvermögens zur Verfügung. Deshalb ist es wichtig, bestimmte Handlungsabläufe zu automatisieren. Nicht alles ist vorhersehbar – doch treten manche Situationen häufiger auf wie z. B. ein zugedrehtes Flaschenventil. Diese Situation ist ein „plötzlich auftretendes unvorhersehbares Ereignis", welches gerade in Übungseinheiten und bei Übungen auf der Atemschutz-Übungsstrecke immer wieder auftritt. Als Gegenmaßnahme hierzu kann der Griff nach hinten an das Flaschenventil und das Drehen in die richtige Richtung trainiert und automatisiert werden.

Übung von Einsatztätigkeiten

- Suchen und Retten von Personen
  Das Vorgehen beim Absuchen von Räumen und großen Flächen (z. B. Industriehallen, Tiefgaragen usw.) sollte innerhalb einer Feuerwehr einheitlich geregelt sein. Es gibt verschiedene gleichwertige Methoden, die der Einsatzlage entsprechend gewählt werden müssen. Trainiert werden kann in jedem großen und kleinen Raum. Die schnelle Suche in einem Raum – meist nach Menschen – wird oft trainiert. Um diesen Übungseffekt zu intensivieren, kann in einem kleinen Raum (z. B. Schulungs-, Aufenthaltsraum oder Büro) ein kleiner Gegenstand (z. B. ein Schokoriegel) versteckt werden. Selbstverständlich darf der Trupp, der ihn findet, ihn behalten.

  Die Suche und die damit verbundenen Probleme bedürfen intensiven Trainings. Ist eine Person dann gefunden, stellen sich dem Atemschutztrupp die nächsten Herausforderungen: den Rückweg zu finden und letztendlich der Transport der Person. In Übungen kann ausprobiert werden, wie eine Person am besten mit und ohne Hilfsmittel transportiert werden kann. Je nach Auffindeort der gesuchten Person kommen weitere räumliche Probleme hinzu, deren Bewältigung ebenfalls zu üben ist:

  - Treppen nach oben (z. B. aus dem Keller)
  - Treppen nach unten (z. B. aus dem zweiten Obergeschoss)
  - Tragbare Leitern oder Drehleitern
  - unwegsames Gelände (z. B. eingestürzte Gebäudeteile)
  - lange Wegstrecke

- Einsteigen über Leitern
  Das Atemschutzgerät vergrößert den Raumbedarf zur Bewegung des Atemschutzgeräteträgers, an den es sich besonders an Engstellen zu gewöhnen gilt. Gerade beim Einsteigen in Fenster oder auf Balkone sollte die richtige Leiterstellung und das sichere Über- bzw. Einsteigen trainiert werden.

  - Bergen von Gegenständen
  - Vornehmen von Strahlrohren mit Schlauchleitungen
  - In-Stellung-Bringen von Ausrüstungsgegenständen
  - Ausführen technischer/handwerklicher Arbeiten ohne Sicht
  - Abgeben von Meldungen über Funk

Eigensicherung

- Anlegen der persönlichen Schutzausrüstung
  Alle Übungen unter Atemschutz sind in kompletter persönlicher Schutzausrüstung durchzuführen. Zum einen wird das sichere und korrekte Anlegen der Schutzkleidung trainiert, zum anderen erfährt der Atemschutzgeräteträger die Wärmedämmung der Schutzkleidung und den daraus entstehenden Wärmestau, der den Körper ebenfalls belastet. Nicht zu vernachlässigen ist auch das Gewicht der kompletten Ausrüstung inklusive Atemschutzgerät, welches mit ca. 25 kg angegeben wird.

- Handhaben von kontaminiertem Gerät, Schutzkleidung und Körperoberflächen
  Zu diesem Themenschwerpunkt gehören z. B. Einsatzstellenhygiene, Schwarz-Weiß-Trennung, Reinigung der persönlichen Schutzausrüstung, Verhalten des Atemschutztrupps an Einsatzstellen mit gefährlichen Stoffen und Gütern.

- richtiges Verhalten bei Eigengefährdung auch unter psychischer Belastung
- Beachten der Maßnahmen der Atemschutzüberwachung

Der Atemschutztrupp hat nicht nur Lagemeldungen und einsatztaktische Informationen abzusetzen, sondern auch Meldungen an die Atemschutzüberwachung. Es ist wichtig, die Atemschutzüberwachung in Einsatzübungen zu integrieren und auch komplett durchzuziehen, damit es für den Trupp zur Routine wird. Alles, was in Übungen nicht durchgeführt wird, klappt auch in den Einsätzen so gut wie nicht.

Notfalltraining

- Suchen, Befreien und In-Sicherheit-Bringen von in Not geratenen Atemschutzgeräteträgern
- Abgeben von Notfallmeldungen

Gerade der Einsatz des Sicherheitstrupps stellt eine massive Stresssituation für den Trupp und die komplette Mannschaft dar. Gerade hier ist es wichtig festzulegen, wie die Ausrüstung und das Vorgehen des Sicherheitstrupps auszusehen hat. Der Einsatz eines Sicherheitstrupps ist in Einsatzübungen zu integrieren. Die Atemschutzüberwachung muss weiterhin funktionieren und darf für keinen eingesetzten Trupp vernachlässigt werden.

Unterweisungen

Unterweisungen über den Atemschutz müssen nach FwDV 7 in die allgemeinen Ausbildungspläne aufgenommen werden. Nicht nur die Atemschutzgrundsätze, auch die oben aufgeführten Ausbildungsinhalte sind Themen für die jährliche Unterweisung. Diese Themenauswahl ist mehr als abendfüllend, weshalb es sich anbietet, themenbezogene Unterweisungen mit jeweils kleinen praktischen Übungsbeispielen durchzuführen.

Belastungsübung

Die Belastungsübung findet auf einer allgemein anerkannten oder in einer für die Belastungsübung anerkannten Atemschutz-Übungsanlage statt.

Die Bedingungen, unter der diese Belastungsübung stattfindet, gibt die FwDV 7 im Anhang 4 wie folgt an:

> *3. Fortbildung*
>
> ...
>
> *Bei der Belastungsübung muss die nach Abschnitt 2.1.2.2 geforderte Gesamtarbeit erbracht werden.*
>
> *2.1.2.2 Belastungsübung*
>
> ...
>
> *Bei der Belastungsübung ist mit dem Atemluftvorrat von 1600 Litern eine Gesamtarbeit von 80 kJ, ab dem 50. Lebensjahr von 60 kJ, zu erbringen.*

Das heißt, dass die 80 kJ bzw. 60 kJ Gesamtarbeit eine feste Vorgabe sind. Ebenso steht fest, dass die Arbeit aufzuteilen ist zwischen Streckendurchgang und den Arbeitsmessgeräten und dass der Luftvorrat eines Pressluftatmers reichen muss. Wie diese Gesamtarbeit erarbeitet wird, ist nicht vorgeschrieben.

Die Orientierungsstrecke darf verdunkelt, aber auch verraucht werden. Es dürfen zwei oder drei Durchgänge durch die Orientierungsstrecke durchgeführt werden – je nach Aufteilung der zu leistenden Arbeit. Da nur mindestens zwei Arbeitsmessgeräte nach Norm gefordert sind, es aber nicht vorgeschrieben ist, welche Arbeitsmessgeräte benutzt werden müssen, ist die Auswahl auf die örtlich vorhandenen Geräte beschränkt. Sind z. B. ein Laufband, ein Fahrradergometer und ein Schlaghammer vorhanden, kann auf den Schlaghammer aus ergonomischen Gründen verzichtet werden.

Ebenso können auf der Orientierungsstrecke kleine Aufgaben ausgeführt werden, solange dies in der Zusammenstellung der Gesamtarbeit berücksichtigt wird.

Beispiele für Belastungswerte sind in der FwDV 7 in der Anlage 4 unter 4. Belastungswerte einzusehen.

Wird eine angefangene Belastungsübung abgebrochen oder die geforderte Leistung nicht erbracht, so erlischt die Qualifikation zum Tragen von Atemschutz, bis die Übung ein weiteres Mal mit Erfolg absolviert wird. Wird das Ausbildungsziel bei einem erneuten Versuch wiederholt nicht erreicht, muss die Person erneut einer Eignungsuntersuchung nach DGUV-Information „Atemschutzgeräte" unterzogen werden, wenn sie weiterhin unter Atemschutz eingesetzt werden soll.

Einsatzübung

Die Grundlage für die Einsatzübung sind die oben aufgeführten Ausbildungsinhalte (FwDV 7 6. Aus- und Fortbildung Tabelle 2).

Diese Übung kann in einer Atemschutz-Übungsanlage, in einem Brandhaus bzw. einer Brandübungsanlage oder an einem anderen geeigneten Objekt, z. B. Abrisshaus, durchgeführt werden.

Diese Übung kann entfallen, wenn ein Atemschutzgeräteträger im Einsatz Tätigkeiten durchgeführt hat, die den o. a. Ausbildungsinhalten entsprechen.

Insgesamt sollte bedacht werden, dass häufiger Umgang mit dem Atemschutzgerät und häufige Übungen das körperliche und psychische Stressniveau deutlich senken. Es entsteht ein routinierter Umgang mit der Technik und den Abläufen im Atemschutzeinsatz. Dadurch gewinnt der Atemschutzgeräteträger Reserven für die Erfüllung des Auftrags.

Merke

Damit Atemschutzgeräteträger einsatzbereit sind, müssen neben einer gültigen Eignungsbeurteilung innerhalb von 12 Monaten jeweils

- ➜ eine Unterweisung
- ➜ eine Belastungsübung sowie
- ➜ eine Einsatzübung oder ein Atemschutzeinsatz

durchgeführt werden.

Ist eine dieser Voraussetzungen für das Tragen von Atemschutz nicht erbracht, darf ein Atemschutzgeräteträger in Übung und Einsatz so lange keinen Atemschutz mehr tragen, bis alle Voraussetzungen wieder erfüllt sind.

3.4 Einschränkung der Eignung zum Tragen von Atemschutzgeräten

Die Eignung zum Tragen von Atemschutzgeräten kann von weiteren Faktoren eingeschränkt werden.

Die FwDV 7 sagt unter

3. Anforderungen an Atemschutzgeräteträger

…

Einsatzkräfte mit Bart oder Koteletten im Bereich der Dichtlinie von Atemanschlüssen sind für das Tragen von Atemschutzgeräten ungeeignet.

Beim Tragen von Atemschutzmasken dürfen

- der Dichtsitz
- die sichere Funktion und
- das gefahrlose An- und Ablegen der Maske

nicht durch Bart, Koteletten, Haare, Körperschmuck, Kopfform oder eine starke Narbenbildung beeinträchtigt werden.

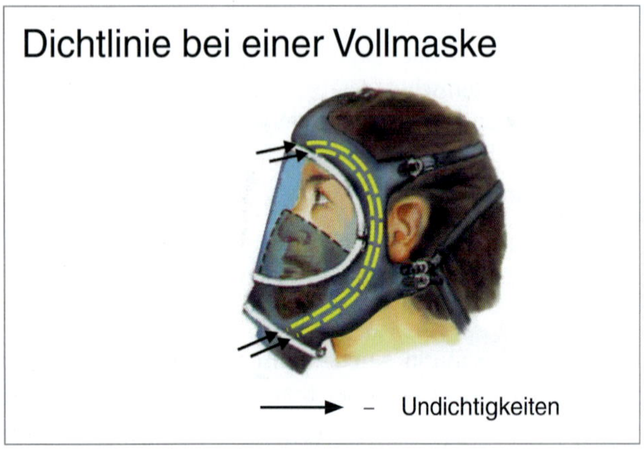

Dichtlinie bei einer Vollmaske

→ – Undichtigkeiten

Abb. 3.2

Merke

Einsatzkräfte mit Bart oder Koteletten im Bereich der Dichtlinie von Atemanschlüssen sind für das Tragen von Atemschutzgeräten ungeeignet.

Es ist hierbei völlig egal, ob die Feuerwehr Atemschutzgeräte in Normal- oder Überdruckausführung verwendet!!!

„Zugelassene" Dichtpasten oder das Verwenden von Creme und Vaseline, um der durch den Bartwuchs hervorgerufenen Undichtigkeit entgegenzuwirken, sind nicht zulässig!!!

Jeder Atemschutzgeräteträger hat in Eigenverantwortung darauf zu achten, dass kein Bartwuchs oder keine Haare im Bereich der Dichtlinie der Maske sind.

Auch der Fahrzeugführer als verantwortliche Führungskraft steht in der Verantwortung, dass die unter Atemschutz eingesetzte Mannschaft einsatzbereit ist.

Bei Atemschutzgeräteträgern, die

- akut krank sind (z. B. Erkältung)
- die sich persönlich „unwohl" fühlen
- die unter Einfluss von Drogen (teilweise auch Tage nach dem Konsum) oder Alkohol stehen
- unter persönlichen Problemen leiden, die die Belastbarkeit einschränken (z. B. Familien- bzw. Beziehungsprobleme, Tod eines Angehörigen), oder
- eine eingeschränkte körperliche Fitness feststellen,

liegt eine Einschränkung der Eignung vor. Nicht nur für die eigene Sicherheit, sondern auch für die Sicherheit der Mannschaft hat der Atemschutzgeräteträger unter solchen Voraussetzungen auf das Tragen von Atemschutz zu verzichten. Jeder hat einmal einen schlechten Tag, den man sich selbst und auch anderen zugestehen darf.

3.4.1 Schwangerschaft im Feuerwehrdienst

Schwangerschaft ist ein normaler Lebensabschnitt, sie ist keine Krankheit. Auch bedeutet das nicht das Aus für den Feuerwehrdienst. Jedoch sollten Feuerwehrangehörige, insbesondere Feuerwehrfrauen und Führungskräfte wissen, dass es gesetzliche Regelungen zum Schutz der werdenden Mutter und des ungeborenen Kindes gibt. Es gelten die Vorgaben des Mutterschutzgesetzes (MuSchG).

Einschränkungen gibt es u. a. für das Tragen von Schutzkleidung, Bewegen von Lasten, Tätigen in Bereichen mit ABC-Stoffen, erhöhter Unfallgefahr oder zu Ruhezeiten (nachts oder an Sonn- und Feiertagen). Für die letzten sechs Wochen der Schwangerschaft vor dem Geburtstermin, aber auch für die acht Wochen nach der Geburt gilt ein Beschäftigungsverbot.

Sobald eine Frau weiß, dass sie schwanger ist, soll sie dies dem Arbeitgeber anzeigen.

Für den Übungs- und Einsatzdienst bei der Feuerwehr bedeutet das auch Einschränkungen. Der Wehrführung sollte ebenso wie dem Arbeitgeber die Schwangerschaft nach Bekanntwerden mitgeteilt werden. In einem Gespräch kann gemeinsam überlegt werden, wie ein Dienst in welchen Bereichen weiterhin möglich ist, wie beispielsweise Dienste ohne körperliche Belastungen oder Gefährdungen:

- Dienstbesprechungen
- Schulungsveranstaltungen
- Objektbegehungen oder rückwärtige Dienste im Funkverkehr.

Genauer nachzulesen beim Landesfeuerwehrverband Baden-Württemberg, Gesundheitswesen und Rettungsdienst, Feuerwehrdienst und Schwangerschaft:

Merke

Von der Bekanntgabe der Schwangerschaft bei der Kommandantur bis mindestens 8 Wochen nach der Schwangerschaft gelten Beschäftigungsbeschränkungen für den aktiven Übungs- und Einsatzdienst. Wie und in welchen Bereichen ein Dienst möglich ist, muss nach Absprache festgelegt werden.

Zusammenfasung für den Atemschutzgeräteträger

Lernzielkatalog Atemschutzgeräteträger: Ausbildungseinheit „Atemschutztauglichkeit" [1 h]

Die Lehrgangsteilnehmenden müssen die persönlichen Voraussetzungen für das Tragen von Atemschutzgeräten wiedergeben können.

Inhalte	Die Lehrgangsteilnehmenden müssen	Hinweise
G-26.3 Untersuchung **(heute: DGUV-Information „Atemschutzgeräte (Eignungsbeurteilung)**	– wissen, dass der Atemschutzgeräteträger in regelmäßigen Abständen und außerdem in bestimmten Fällen ärztlich untersucht werden muss.	Fristen und Anlässe für wiederkehrende oder anlassbezogene Untersuchungen z. B. nach schwerer Krankheit
Körperliche Fitness	– wissen, dass der Einsatz unter Atemschutz ein hohes Maß an körperlicher Fitness voraussetzt.	
Fortbildung	– wissen, dass der Atemschutzgeräteträger regelmäßig an jährlichen Fortbildungen teilnehmen muss.	Alle 12 Monate: – Unterweisung – Belastungsübung – Einsatzübung.
Einschränkung der Atemschutztauglichkeit	– wissen, dass durch unterschiedliche Faktoren die Atemschutztauglichkeit eingeschränkt wird. – wissen, dass der Atemschutzgeräteträger jede Art von Einschränkungen sofort zu melden hat und dass falscher Ehrgeiz eine große Gefahr für ihn selbst und andere darstellt.	Krankheit – „Unwohlsein" – Körperliche Fitness – Alkohol/Drogen – Psychische Probleme – Bart – Körperschmuck – Klaustrophobie – Höhenangst – (Schwangerschaft)

Lernerfolgskontrolle (LEK) – Lösungen auf Seite 10 –

3. Atemschutztauglichkeit

LEK 3.1. Du hast als Voraussetzung für den Lehrgang Atemschutzgeräteträger eine Eignungsuntersuchung machen müssen. In wie vielen Monaten steht die erste Nachuntersuchung für Dich an, wenn es keine Einschränkungen gab?

a) In 36 Monaten

b) In 6 Monaten

c) In 12 Monaten

LEK 3.2. Es ist jetzt schon 1,5 Jahre her, dass Du den Atemschutzgeräteträgerlehrgang erfolgreich absolviert hast. Dein Kommandant erinnert Dich, dass Du Dich um einen Termin zur Belastungsübung kümmern musst. Was muss Du noch innerhalb von 12 Monaten durchlaufen, damit Du als Atemschutzgeräteträger einsatzbereit bleibst?

a) Eine Einsatzübung oder einen Einsatz mit Tätigkeiten unter Atemschutz

b) Eine Unterweisung zum Thema Atemschutz besuchen

c) Eine Wiederherstellung der Einsatzbereitschaft an einem Atemschutzgerät durchführen

LEK 3.3. Du hast Dir beim Sport den Knöchel so arg verdreht, dass Du Schmerzmittel benötigst und ihn kühlen und bandagieren musst. Nachts ist Alarm mit dem Stichwort „B2 Wohnungsbrand". Welches Verhalten ist falsch?

a) Ich gehe zum Einsatz und besetze einfach den Schlauchtrupp. Ich muss niemandem was von meinem Fuß erzählen.

b) Ich gehe nicht zum Einsatz, da ich nicht sicher bin, ob ich meine Aufgaben sicher erfüllen kann.

c) Ich gehe zum Einsatz und spreche sofort meinen Kommandanten/Fahrzeugführer an. Nach Rücksprache mit ihm fahre ich nicht raus, sondern besetze das Gerätehaus.

LEK 3.4. Im Urlaub hast Du Dir einen Bart wachsen lassen, den Du behalten möchtest. Kannst Du trotzdem Atemschutz tragen?

a) Nein, entweder Bart oder Atemschutz.

b) Ja, aber es ist nur mit Schnauzbart erlaubt.

c) Ja, wenn ich den Bart so trimme, dass im Bereich der Dichtlinie der Atemschutzmaske kein Bartwuchs vorhanden ist.

Lernerfolgskontrolle interaktiv
https://t1p.de/ae5tp8

4. Rechtsgrundlagen

4.1 Verwaltungsvorschrift des Innenministeriums über die Aus- und Fortbildung der Feuerwehrangehörigen in Baden-Württemberg (VwV-Feuerwehrausbildung)

Die Verwaltungsvorschrift des Innenministeriums über die Aus- und Fortbildung der Feuerwehrangehörigen in Baden-Württemberg (VwV-Feuerwehrausbildung Stand 02/18, zuletzt geändert 12/20) regelt die Ausbildung und Lehrgänge innerhalb der Feuerwehr.

LFS_VwV

Das Ausbildungskonzept zeigt von Beginn an die Ausbildung bis zum Atemschutzgeräteträger und weiter bis zum technischen Ausbilder Atemschutz. Als Grundstein dienen die Kreislehrgänge Truppmann Teil 1 und Teil 2. Hierin enthalten ist der Sprechfunker- und der Atemschutzgeräteträgerlehrgang. Um diese Ausbildung zu ergänzen und zu festigen, ist neben einer Ausbildungseinheit in einer Realbrandübungsanlage auch das Feuerwehrleistungsabzeichen in Bronze bis zum Truppführerlehrgang vorgesehen.

Ist die Mitwirkung im Bereich der Ausbildung geplant, so dient als Voraussetzung für weiterführende Lehrgänge im Bereich Atemschutz der Truppführerlehrgang auf Kreisebene gefolgt vom Gruppenführer- und Ausbilderlehrgang an der Landesfeuerwehrschule Baden-Württemberg.

4.2 Feuerwehr-Dienstvorschriften FwDV

4.2.1 FwDV 7 „Atemschutz" – Stand 2002 mit Änderungen 2005

LFS_FwDV 7

Die FwDV 7 bildet die Grundlage für das Fachgebiet Atemschutz. Sie regelt nicht nur die Aus- und Fortbildung, sondern gleichermaßen auch den Einsatz und gibt Rahmenvorgaben für die Instandhaltung, das Lagern und Verwalten von Atemschutzgeräten. Diese Feuerwehrdienstvorschrift soll eine einheitliche, sorgfältige Ausbildung der Feuerwehren im Atemschutz sicherstellen und die Voraussetzungen für die erfolgreiche und unfallsichere Verwendung von Atemschutzgeräten im Einsatz schaffen.

Einen Überblick über die FwDV 7 zeigt das folgende Inhaltsverzeichnis:

1 Allgemeines

2 Bedeutung des Atemschutzes

3 Anforderungen an Atemschutzgeräteträger

4 Verantwortlichkeit und Aufgabenverteilung

5 Atemschutzgeräte

- *5.1 Einteilung der Atemschutzgeräte*
- *5.2 Zuordnung des Atemanschlusses*

6 Aus- und Fortbildung

7 Einsatzgrundsätze

- *7.1 Allgemeine Einsatzgrundsätze*
- *7.2 Einsatzgrundsätze beim Tragen von Isoliergeräten*
- *7.3 Einsatzgrundsätze beim Tragen von Filtergeräten*
- *7.4 Atemschutzüberwachung*
- *7.5 Notsignalgeber*
- *7.6 Notfallmeldung*

8 Instandhaltung der Atemschutzgeräte

9 Dokumentation

- *9.1 Atemschutznachweis*
- *9.2 Gerätenachweis*

Anhang

Anlage 1 *Begriffsbestimmungen*

Anlage 2 *Auszüge aus der Unfallverhütungsvorschrift Feuerwehren (GUV-V C 53 (DGUV Vorschrift 49)) mit Durchführungsanweisungen*

Anlage 3 *entfallen*

Anlage 4 *Muster einer Ausbildungsordnung für die Aus- und Fortbildung von Atemschutzgeräteträgern für Behältergeräte mit Druckluft (Pressluftatmer)*

Merke

Die FwDV 7 konkretisiert viele Vorgaben aus dem Bereich Arbeitsschutz und Unfallverhütung speziell für Ausbildung, Übung und Einsatz der Feuerwehren ist und somit für uns die wichtigste Vorgabe.

Atemschutzgeräteträger müssen die Inhalte der FwDV 7 nicht nur kennen, sondern sie auch selbstständig anwenden können.

4.2.2 FwDV 2 „Ausbildung der Freiwilligen Feuerwehren“ – Stand Januar 2012

LFS_FwDV 2

Die FwDV 2 regelt die Aus- und Fortbildung sowie die jeweils erforderlichen ausbildungsbezogenen Voraussetzungen für Angehörige von Freiwilligen Feuerwehren. Die in dieser Vorschrift beschriebene Ausbildung stellt die Mindestanforderung dar.

In der FwDV 2 heißt es, dass alle Angehörigen der Freiwilligen Feuerwehren eine Truppmannausbildung erhalten. Sie findet in Baden-Württemberg auf Gemeinde- bzw. Kreisebene statt und ist erst abgeschlossen, wenn Teil 1 und Teil 2 erfolgreich beendet worden sind.

Feuerwehren mit Atemschutzausrüstung *können* den Lehrgang „Atemschutzgeräteträger“ in die Truppmannausbildung integrieren – jedoch muss der Lehrgangsteil „Sprechfunker“ als sinnvolle Basis dem „Atemschutzgeräteträger“ vorausgehen. Sind die Ausbildungseinheiten „Atemschutz“ sinnvoll in den Stundenplan der Truppmann-Teil-1-Ausbildung integriert, können viele Übungseinheiten gleich unter Atemschutzndurchgeführt werden. Auch legt der Teilnehmer viel öfter Atemschutz an, was zu mehr Routine in den grundlegenden Fähigkeiten wie beispielsweise das Ausrüsten führt.

Eine anschließende Ausbildungseinheit in einer Realbrandübungseinrichtung ist vorgesehen. Es obliegt der Feuerwehr, über die Dauer der Ausbildungseinheit und die Art der Realbrandübungseinrichtung zu entscheiden und dies in einem Ausbildungskonzept „Atemschutz“ zu berücksichtigen.

Hier ein Überblick über die Rahmenrichtlinien einzelner Lehrgänge im Fachbereich Atemschutz:

Lehrgang AGT „Atemschutzgeräteträger“

Voraussetzung:	– F1-I Truppmannausbildung Teil 1 – SF Sprechfunker
Ziel der Ausbildung:	Befähigung zum Einsatz unter Atemschutz
Lehrgangsdauer:	**mindestens** 25 Stunden
Lehrgangsort:	Gemeinde- bzw. Kreisebene

Lehrgang A AGT
„Technischer Ausbilder für Atemschutzgeräteträger“

Voraussetzung:	– F1-I/F1-II	Truppmannausbildung Teil 1 und Teil 2
	– SF	Sprechfunker
	– AGT	Atemschutzgeräteträger
	– F2	Truppführer
	– F3	Gruppenführer
Ziel der Ausbildung:	Befähigung zur Durchführung der auf Gemeinde- oder Kreisebene stattfindenden Lehrgänge	
Lehrgangsdauer:	mindestens 35 Stunden	
Lehrgangsort:	Landesfeuerwehrschule	

4.3 Unfallverhütungsvorschriften UVV

4.3.1 DGUV Vorschrift 49 „Feuerwehren“

Die FwDV 7 enthält den Hinweis, dass die Unfallverhütungsvorschrift „Feuerwehren“ berücksichtigt werden muss.

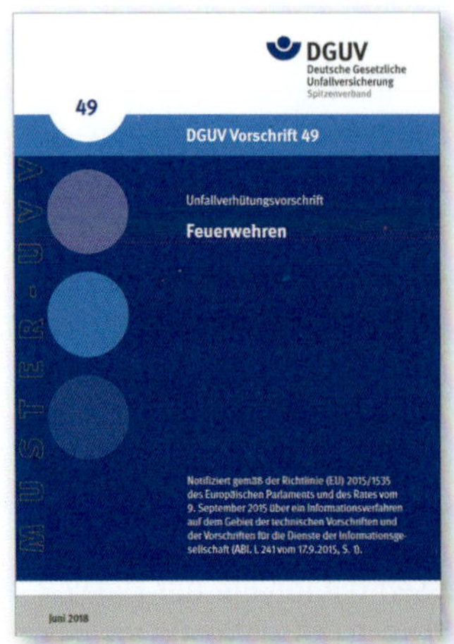

Für den Bereich Atemschutz sind die folgenden Auszüge aus der DGUV Vorschrift 49 „Feuerwehren“ zu beachten:

I. Geltungsbereich und Begriffsbestimmungen

§ 1 Geltungsbereich

Diese Unfallverhütungsvorschrift gilt für Unternehmerinnen und Unternehmer, die Trägerin oder Träger öffentlicher Freiwilliger Feuerwehren oder öffentlicher Pflichtfeuerwehren sind, sowie Versicherte im ehrenamtlichen Feuerwehrdienst, einschließlich der Nutzung von Feuerwehreinrichtungen, die für diese Versicherten bestimmt sind.

II. Organisation von Sicherheit und Gesundheitsschutz

Zu § 3 Verantwortung

Die Unternehmerin oder der Unternehmer ist, ebenso wie Feuerwehrangehörige mit Führungsaufgaben, für die Sicherheit und den Gesundheitsschutz der im Feuerwehrdienst Tätigen verantwortlich.

Zu § 6 Persönliche Anforderung und Eignung

Feuerwehrangehörige dürfen nur für Tätigkeiten eingesetzt werden, für die sie körperlich und geistig geeignet sowie fachlich befähigt sind.

Sie müssen ihnen bekannte aktuelle oder dauerhafte gesundheitliche Einschränkungen der zuständigen Führungskraft unverzüglich und eigenverantwortlich melden.

Die Eignungsuntersuchung ist vor Aufnahme der Tätigkeit und in regelmäßigen Abständen durchzuführen. Dies gilt für Tätigkeiten unter Atemschutz und beim Feuerwehrtauchen.

In der **Anlage 1** sind die Nachuntersuchungsfristen für die Eignungsuntersuchung aufgeführt.

III. Feuerwehreinrichtungen

Zu **§ 14 Persönliche Schutzausrüstungen**

Die geeignete Mindestausrüstung zum Schutz vor den Gefährdungen in Ausbildung, Übung und Einsatz besteht aus:
- Feuerwehrschutzkleidung
- Feuerwehrhelm mit Nackenschutz
- Feuerwehrschutzhandschuhe
- Feuerwehrschutzschuhe

Werden Aufgaben wahrgenommen, die zusätzliche Gefahren bergen, müssen spezielle Schutzausrüstungen der Gefahrenlage entsprechend ergänzt werden.

IV. Betrieb

Zu **§ 15 Verhalten im Feuerwehrdienst**

Das Einhalten der Unfallverhütungsvorschriften in Ausbildung, Übung und Einsatz sorgt für Sicherheit der Einsatzkräfte. Zur Rettung von Menschen in Lebensgefahr kann im Einzelfall, unter Beachtung des Eigenschutzes, von den Bestimmungen der UVV abgewichen werden.

Zum Schutz der Einsatzkräfte vor Kontamination sind geeignete Schutzmaßnahmen zu treffen.

Zu **§ 24 Einsatz mit Atemschutzgeräten**

Kann es zu Sauerstoffmangel kommen oder gesundheitsgefährdende Stoffe an der Einsatzstelle geben, sind geeignete Atemschutzgeräte zu tragen.

Werden Pressluftatmer getragen, muss es eine Verbindung zwischen dem Atemschutztrupp und Feuerwehrangehörigen geben, die sich im nicht gefährdeten Bereich aufhalten.

Ist die Rettung eingesetzter Atemschutztrupps ohne Atemschutz nicht möglich, müssen Sicherheitstrupps in ausreichender Zahl zur sofortigen Rettung bereitstehen. Eine Überwachung der eingesetzten Atemschutztrupps ist sicherzustellen.

Es sind geeignete Maßnahmen zur Notfallrettung vorzusehen.

Situationen, in denen kein Sicherheitstrupp bereitzustellen ist, sind in der FwDV 7 „Atemschutz" beschrieben.

Merke

Die rechtliche Grundlage zur Eignungsfeststellung für Atemschutzgeräteträger und Taucher ist die DGUV-Information 49 „Feuerwehren". In der Anlage 1 sind die Nachuntersuchungsfristen geregelt.

4.3.2 DGUV Regel 112-190 „Benutzung von Atemschutzgeräten"

„Vorbemerkung

Diese DGUV Regel erläutert die DGUV Vorschrift 1 „Grundsätze der Prävention" hinsichtlich der Benutzung von Atemschutzgeräten.

In dieser DGUV Regel sind die Vorschriften der Verordnung (EU) 2016/425 des europäischen Parlaments und des Rates vom 9. März 2016 über persönliche Schutzausrüstungen (PSA-Verordnung), des Gesetzes über die Durchführung von Maßnahmen des Arbeitsschutzes zur Verbesserung der Sicherheit und des Gesundheitsschutzes der Beschäftigten bei der Arbeit (Arbeitsschutzgesetz – ArbSchG) und der Verordnung über Sicherheit und Gesundheitsschutz bei der Benutzung persönlicher Schutzausrüstungen bei der Arbeit (PSA-Benutzungsverordnung) berücksichtigt.

...

Bei der Erarbeitung wurden die DIN- und EN-Normen über spezifische Atemschutzgeräte sowie die DIN EN 529 „Atemschutzgeräte – Empfehlungen für Auswahl, Einsatz, Pflege und Instandsetzung" berücksichtigt.

1. Anwendungsbereich

Diese DGUV Regel findet Anwendung auf die Auswahl und den Einsatz von Atemschutzgeräten für Arbeit und Rettung sowie für Fluchtzwecke. In dieser DGUV Regel werden die Einteilung und Kennzeichnung von Atemschutzgeräten, die Auswahl geeigneter Atemschutzgeräte, die Atemschutzgerätetypen sowie deren Benutzung behandelt. Soweit für die Benutzung von Atemschutzgeräten bei öffentlichen Feuerwehren, der Bundesanstalt Technisches Hilfswerk und in Betrieben im Geltungsbereich des Bundesberggesetzes oder vergleichbaren Einrichtungen eigene Vorschriften bestehen, sind diese als vorrangig zu betrachten. Betriebliche Feuerwehren im Feuerwehreinsatz sind den öffentlichen Feuerwehren gleichgestellt."

Innerhalb der verschiedenen Kapitel der Lehrstoffblätter wird immer wieder auf diese wichtigen Regeln und Vorschriften verwiesen.

4.4 Pflege und Instandhaltung von Atemschutzgeräten

Allgemeines

Atemschutzgeräte müssen pfleglich behandelt, sorgfältig gewartet und regelmäßig geprüft werden.

Zur Instandhaltung der Atemschutzgeräte gehören das Reinigen, Desinfizieren, Trocknen und Prüfen durch einen Atemschutzgerätewart – nach festgelegten Fristen und mit Prüfgeräten – in einer Atemschutzwerkstatt. Eine Dokumentation aller Arbeiten und Prüfungen muss erfolgen.

Die Untersuchung der Druckgasbehälter ist durch einen Sachverständigen gemäß Betriebssicherheitsverordnung in vorgeschriebenen Zeitabständen durchzuführen.

Stehen den Feuerwehren eigene Atemschutzwerkstätten nicht zur Verfügung, sind zentrale Atemschutzwerkstätten einzurichten, sofern diese Aufgaben nicht von einer benachbarten Feuerwehr übernommen werden können.

Das Personal der Atemschutzwerkstatt ist für seine Aufgaben entsprechend aus- und fortzubilden. Die Ausbildung ist durch eine erfolgreiche Teilnahme an einem Atemschutzgerätewart-Lehrgang bei dem jeweiligen Hersteller von Atemschutzgeräten nachzuweisen und in regelmäßigen Abständen – vor Ablauf der Gültigkeit – aufzufrischen.

Bei der Reparatur von Atemschutzgeräten dürfen vom Hersteller verplombte Teile nicht verändert werden.

Atemschutzmasken, Lungenautomaten, Grundgeräte

Der Atemschutzgeräteträger hat standardmäßig (Ausnahme siehe „Wiederherstellung der Einsatzbereitschaft") nach jedem Gebrauch (egal ob Übung oder Einsatz) die Atemschutzmaske und den Lungenautomaten und das Grundgerät mit Atemluftflasche in die Atemschutzwerkstatt zu geben, wo

die Atemschutzmaske	gereinigt, desinfiziert und geprüft,
der Lungenautomat	gereinigt, desinfiziert und geprüft,
das Grundgerät	gereinigt, ggf. desinfiziert und geprüft,
die Atemluftflasche	optisch geprüft und gefüllt wird.

Der Atemschutzgerätewart dokumentiert alle durchgeführten Tätigkeiten in der Gerätekartei.

Gerätenachweis nach 9.2 der FwDV

Die FwDV 7 fordert unter 9.2 einen Gerätenachweis. Dieser beinhaltet die

- „persönlichen Daten" – eines jeden Gerätes, wie z. B. Seriennummer, Baujahr, feuerwehrinterne Nummer, eventuell Standort, usw.
- „Prüfnachweis" – alle Ergebnisse der Sicht-, Dicht- und Funktionsprüfungen sowie alle durch den Atemschutzgerätewart durchgeführten Arbeiten inklusive der Dokumentation über Auffälligkeiten und Störungen
- „Verwendungsnachweis" – alle Nutzungen des Gerätes, wie z. B. Einsatz, Übung, Realbrandausbildung, ABC- oder Notfalltraining

Meistens erfolgt lediglich der Prüfnachweis durch die Prüfprotokolle in der Atemschutzwerkstatt. Wie das Gerät verwendet wurde, wird oft nicht dokumentiert. Soll das die Atemschutzwerkstatt machen, geht das nur mit Mehraufwand und wenn die Werkstatt über die Verwendung Kenntnis hat. Dies wird schwierig, wenn keine eigene oder fest zugeordnete Zentrale Atemschutzwerkstatt vorhanden ist.

Verantwortlich ist aber nicht die Atemschutzwerkstatt, sondern die Feuerwehr. Aus diesem Grund ist es auch möglich, dass die Feuerwehr auf Standortebene den Verwendungsnachweis führt. Dies kann dann eine praktische Lösung sein, wenn die Wiederherstellung der Einsatzbereitschaft nach Übungen auf Standortebene durchgeführt wird. Muss aus irgendwelchen Gründen die Gerätehistorie zusammengetragen werden, kann der Prüfnachweis und der Verwendungsnachweis zusammen geführt werden.

Wichtig ist eine Absprache zwischen Atemschutzwerkstatt/Führung/Feuerwehren bzw. Abteilungen!

Atemfilter

Atemfilter sind bis zu ihrer Verwendung verschlossen aufzubewahren. Dies gilt auch für Filter, die in Trage- oder Vorratsbehältern mitgeführt werden. Außerdem sind die Lagerfristen und Angaben des Herstellers zu Lagerungsbedingungen zu berücksichtigen.

Atemfilter, die im Einsatz waren – also beatmet wurden –, müssen unbrauchbar gemacht und entsorgt werden.

Wiederherstellung der Einsatzbereitschaft von Atemschutzgeräten

Werden Atemschutzgeräte nach Herstellerangaben regelmäßig in der Atemschutzwerkstatt gewartet (mind. 1/2-jährlich in der Werkstatt), kann nach Gebrauch die Einsatzbereitschaft von Atemschutzgeräten durch

- Sichtprüfung (Bänderung, Tragplatte, Druckminderer),
- Flaschenwechsel,
- Lungenautomaten-/Maskentausch und
- Durchführung der Einsatzkurzprüfung (siehe Kapitel 5.5.2 „Handhabung des PA")

durch geeignete Personen (Atemschutzgerätewarte, Gerätewarte, Atemschutzgeräteträger) wieder hergestellt werden.

Wiederherstellung der Einsatzbereitschaft

- ➜ Atemschutzgerät 1/2-jährlich in der Werkstatt
- ➜ keine Hitzeeinwirkung
- ➜ keine außergewöhnliche mechanische Beanspruchung
- ➜ keine Verschmutzung

✔
- ➜ Sichtprüfung
- ➜ Flaschenwechsel
- ➜ Lungenautomaten- und Maskentausch
- ➜ Einsatzkurzprüfung
- ➜ Dokumentation

Feuerwehr Rauchig Abteilung: Branding

Einsatzübung am 14.04.2023

	Schmidt	Meyer	
PA-Nr.	23	18	
LA-Nr.	101	11	
Maske-Nr.	D53	C15	
Flasche-Nr.	152	7	
Sicht-prüfung	✓	✓	
Flaschen-druck	295	300	
HD-Dichtheit	0		
Funktion LA	✓	✓	
Warnsignal	55	57	

Überprüft durch: Müller

Abb. 4.1: Beispiel der Dokumentation nach der Wiederherstellung der Einsatzbereitschaft

Alle Tätigkeiten am Atemschutzgerät sind durch die geeigneten Personen zu dokumentieren und an die zuständige Atemschutzwerkstatt weiter-zugeben oder die Dokumentation auf Standortebene aufzubewahren. Eine lückenlose Dokumentation der Gerätehistorie ist zu gewährleisten (siehe „FwDV 7 9.2 Gerätenachweis")

Atemschutzgeräte, auf die besondere Belastungen eingewirkt haben, wie z. B.

- Hitzeeinwirkung (Innenangriff, Realbrandausbildung, usw.),
- mechanische Beanspruchung (Notfalltraining, Sturz, starkes Anstoßen des Lungenautomaten, Herunterfallen des Atemschutzgerätes, usw.) oder
- Verschmutzung (Brandrauch, Ruß, chemische Stoffe, Dreck),

sind in die zuständige Atemschutzwerkstatt zu bringen.

Voraussetzung für den Tausch von Lungenautomaten ist, dass nur vom Hersteller zugelassene Kombinationen von Lungenautomaten und Grundgeräten verwendet werden! Ebenso sind nur ungebrauchte, gereinigte, desinfizierte und geprüfte Lungenautomaten/Masken zu verwenden.

Ablaufschema Wiederherstellung der Einsatzbereitschaft

- **Sichtprüfung**
  - Bänderung, Tragplatte auf Verschmutzung, Beschädigung und Vollständigkeit überprüfen
  - Druckminderer auf mechanische Beschädigung und Verplombung auf Unversehrtheit überprüfen
- **Demontage – Montage der Atemluftflasche**
- **Lungenautomatentausch**
- **Einsatzkurzprüfung** (siehe 5.5.2 Handhabung des PA)
  - Flaschenfülldruck
  - Hochdruckdichtprüfung
  - Funktionsprüfung Lungenautomaten
  - Ansprechdruck der Restdruckwarneinrichtung
- **Dokumentation**

Alle weiteren Arbeiten sind im Zuge der Prüffristen nach Herstellerangaben (siehe Gebrauchsanweisung und Gerätewarthandbuch) in der Atemschutzwerkstatt durch Atemschutzgerätewarte durchzuführen.

Merke

Die Wiederherstellung der Einsatzbereitschaft eines gebrauchten Atemschutzgeräts ist von den Atemschutzgeräteträgern zu beherrschen. Zu beachten sind die örtlichen Regelungen zur Vorgehensweise.

4.5 Atemschutz-Werkstätten nach DIN 14092-7:2012-04 „Feuerwehrhäuser"

Atemschutzwerkstätten

Atemschutzwerkstätten werden in der DIN 14092-7:2012-04 genormt. Die Norm soll es Architekten, Planern, Feuerwehren und Verwaltungsstellen ermöglichen, Atemschutzwerkstätten feuerwehrtechnisch zweckmäßig zu gestalten. In diesen Werkstätten sollen besonders ausgebildete Personen (Atemschutzgerätewarte) alle Maßnahmen zur Instandsetzung von Atemschutzgeräten durchführen, sofern sie nicht dem Hersteller der Atemschutzgeräte vorbehalten sind.

Die Atemschutzwerkstatt (ca. 110 m^2) soll enthalten:

- **Anlieferung** (Schwarzbereich) mit ca. 12 m^2
  Zwischenlager, mechanische Be- und Entlüftung, Zugang möglichst direkt von außen, Anlieferung mit Kfz in unmittelbarer Nähe witterungsgeschützt und ebenengleich
- **Nassraum**, Grobreinigung mit ca. 30 m^2
  Reinigung, Desinfektion und Trocknung, mechanische Be- und Entlüftung, entwässerte Abtropfbereiche, Auf-

fangmöglichkeit von möglich kontaminiertem Abwasser, Arbeitsschutz- und Hygieneeinrichtungen

- **Wartungs- und Pflegeraum** mit ca. 20 m^2 mit den Bereichen Instandhaltung, Montage, Arbeitsschutz- und Hygieneeinrichtungen
- **PSA-Logistik** mit ca. 12 m^2 Dokumentation
- **Lager** mit ca. 6 m^2
- **Abholung** (Weißbereich) mit ca. 12 m^2
- **Atemluft-Füllung** mit ca. 9 m^2 Zugang auf direktem Weg aus dem Nassraum
- **Kompressorraum** mit ca. 9 m^2 Raumbelüftung, ausreichende Frischluftzufuhr, Möglichkeit zur Überprüfung der Luftqualität, Möglichkeit zur Abschaltung des Kompressors außerhalb des Kompressorraums.

Abb. 4.2

4.6 Atemschutz-Übungsanlagen nach DIN 14093:2014-04 „Atemschutz-Übungsanlagen"

Abb. 4.3: Orientierungsstrecke im Übungsraum

In einer Atemschutz-Übungsanlage können verschiedene Einsatzbedingungen simuliert werden,

- um den Feuerwehrangehörigen im Gebrauch von Atemschutzgeräten gemäß den FwDV 2 „Ausbildung der Freiwilligen Feuerwehren" auszubilden und
- um Atemschutzübungen durchzuführen, wie sie die FwDV 7 „Atemschutz" mindestens einmal jährlich (vor Ablauf von 12 Monaten) für jeden Atemschutzgeräteträger vorschreibt.

Teile einer Atemschutz-Übungsanlage

Beim Bau einer Atemschutz-Übungsanlage ist ein wesentlicher Gesichtspunkt die Gestaltung des Grundrisses, in dessen zentralem Bereich sich der Leitstand befindet. Abb. 4.4 zeigt den sinnvollen Ablauf bei Übungen durch die verschiedenen Räumlichkeiten, die im Folgenden beschrieben werden.

Vorbereitungsraum

- Bereitstellung von Atemschutzgeräten
- An- und Ablegen von Atemschutz und persönlicher Schutzausrüstung
- Trennung von benutzten und unbenutzten Atemschutzgeräten
- akustische Verbindung zum Leitstand

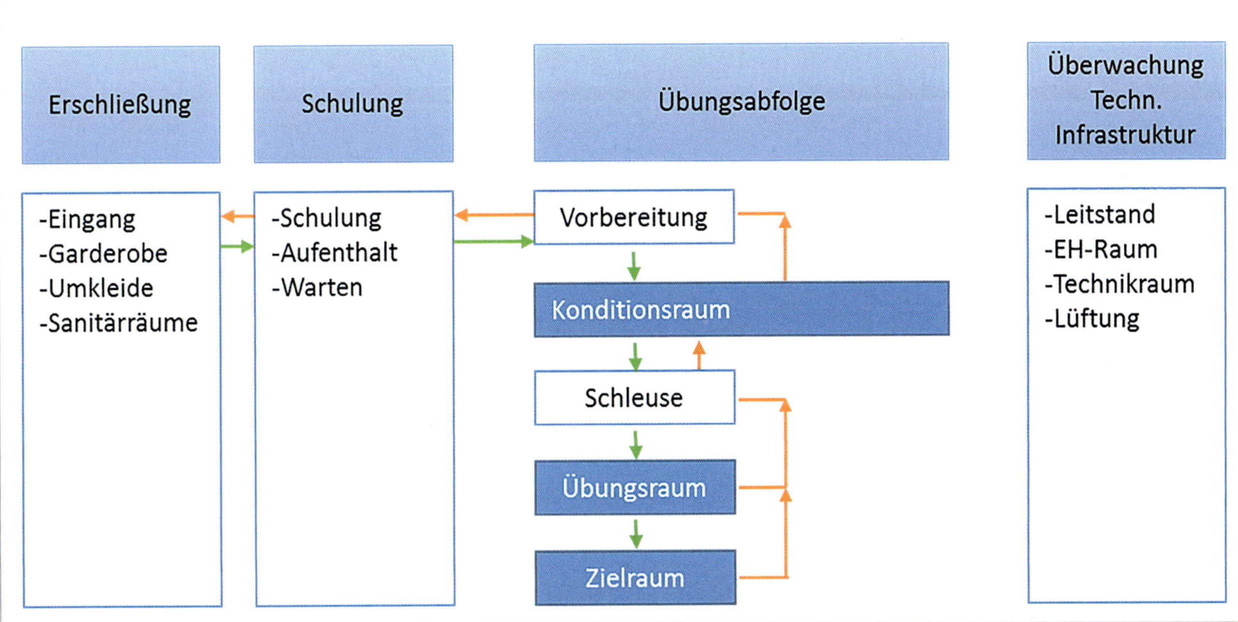

Abb. 4.4

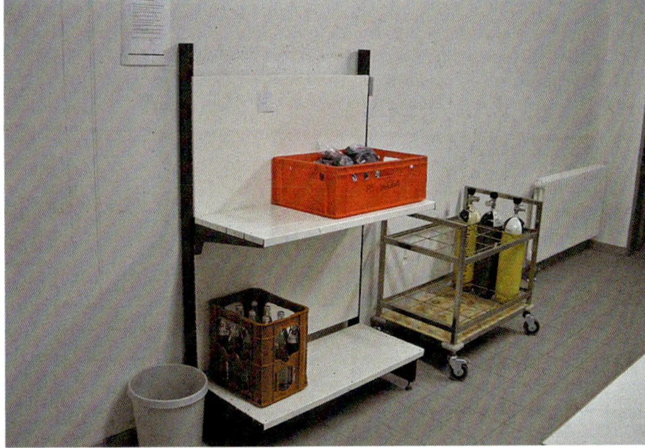

Abb. 4.5

Konditionsraum

- Muskelaufwärmung
- Messung und Bewertung der körperlichen Belastbarkeit
- akustische und optische Verbindung zum Leitstand
- mindestens drei Übungsgeräte mit Überwachung und Steuerung über Leitstand

Im Arbeitsraum wird dem Geräteträger eine definierte, messbare körperliche Belastung abverlangt. Hierfür stehen verschiedene Arbeitsmessgeräte zur Verfügung:

Endlos-Leiter

Bei der Endlos-Leiter wird nach der FwDV 7 ein Durchschnittsgewicht für einen Feuerwehrangehörigen einschließlich Dienstkleidung, persönliche Ausrüstung und Atemschutzgerät von 100 kg angesetzt. Die Geschwindigkeit sollte auf etwa 0,25 m/s eingestellt werden. Als Belastungswert ergibt sich je gestiegenem Höhenmeter 1 kJ. Die einzustellende Höhe für die Aus- und Fortbildungsübungen kann aus der Belastungstabelle Abb. 4.7 entnommen werden.

Abb. 4.6: Endlosleiter

Fahrrad-Ergometer

Als Arbeitsmessgerät kann jedes Fahrrad-Ergometer eingesetzt werden, bei dem die Leistung [Watt] einstellbar ist. Erfahrungsgemäß wird eine Leistung von ca. 120 Watt eingestellt und die Belastungswerte [kJ] nach der FwDV 7 über die Dauer der Belastung geregelt. Unter diesen Bedingungen werden in einer Minute 7 kJ Arbeit verrichtet. Die einzustellende Dauer für die Aus- und Fortbildungsübungen können aus der Belastungstabelle Abb. 4.7 entnommen werden.

Arbeit	Schlaghammer	Endlosleiter	Fahrradergometer	Laufband	Strecke
[kJ]	Gewicht: 24 kg 365 Nm/Schlag [Schläge]	Geschwindigkeit: 0,25 m/s [Meter]	Leistung: 120 Watt [Sekunden]	10% Steigung bei max. 5 km/h [Meter]	Ohne Rauch [Meter]
4	11	4	30	40	10
5	14	5	40	50	12,5
6	17	6	50	60	15
7	20	7	60	70	17,5
8	22	8	70	80	20
9	25	9	75	90	22,5
10	28	10	80	100	25
12	33	12	100	120	30
13	36	13	110	130	32,5

Abb. 4.7: Belastungstabelle

Hinweis zu Abb. 4.7: Belastungstabelle

Aktuelle und neue Atemschutz-Übungsanlagen arbeiten mit Pulsüberwachung zum Bedienen und Steuern der Arbeitsmessgeräte. Bei der Eingabe des Körpergewichts ist das zusätzliche Gewicht durch PSA zu berücksichtigen. Ebenso gibt es keinen offiziellen festen Pulswert, bei dem die Übung abgebrochen werden soll. Der Grund ist, dass ein Einzelwert, also ein Pulswert einer Person, als Einzelwert nur schlecht beurteilt werden kann. Noch schwieriger wird es, wenn es ein medizinischer Laie – also der Atemschutzausbilder – tun soll. Es ist auch darauf zu achten, dass keine medizinischen Daten (Pulswert, Blutdruck, usw.) über die Zeitdauer der Übung hinaus gespeichert werden (Datenschutz).

S 50 m — Strecke 20 kJ
L 100 m/10 %/5 km/h — Laufband 10 kJ
F 80 s/120 W — Fahrrad 10 kJ
H 28 Schläge — Hammer 10 kJ

Belastungsübung 80 kJ

FW Musterstadt

Ausbilder: Müller/Meier/Schmidt

Musterstadt, den 15.01.2015

	Name	Vorname	Belastung						vor Start			nach Geräte 1			nach Strecke			nach Geräte 2			Ende		
									P_{start}	t_{start}	$Puls_{start}$	P_1	t_1	$Puls_1$	P_s	t_s	$Puls_s$	P_2	t_2	$Puls_2$	P_{ende}	t_{ende}	$Puls_{ende}$
1	Seiler	Andi	~~L~~	~~F~~	S	H	L	S	300	19:30	optional	270	19:41										
	Libelt	Bille	~~F~~	~~H~~	S	L	F	S	285			255											
	Kutner	Chris	~~H~~	~~L~~	S	F	H	S	290			270											
2			L	F	S	H	L	S															
			F	H	S	L	F	S															
			H	L	S	F	H	S															
3			L	F	S	H	L	S															
			F	H	S	L	F	S															
			H	L	S	F	H	S															
4			L	F	S	H	L	S															
			F	H	S	L	F	S															
			H	L	S	F	H	S															
5			L	F	S	H	L	S															
			F	H	S	L	F	S															
			H	L	S	F	H	S															
6			L	F	S	H	L	S															
			F	H	S	L	F	S															
			H	L	S	F	H	S															
7			L	F	S	H	L	S															
			F	H	S	L	F	S															
			H	L	S	F	H	S															

Abb. 4.8: Beispiel Dokumentation einer Belastungsübung mit 80 kJ

Laufband-Ergometer

Beim Laufband-Ergometer wird eine Steigung von 10 % und eine Laufgeschwindigkeit von max. 5 km/h empfohlen. Die dann erbrachte Leistung wird bei einem Laufweg von 100 m als eine Arbeit von 10 kJ bewertet. Der einzustellende Laufweg für die Aus- und Fortbildungsübungen kann aus der Belastungstabelle Abb. 4.7 entnommen werden.

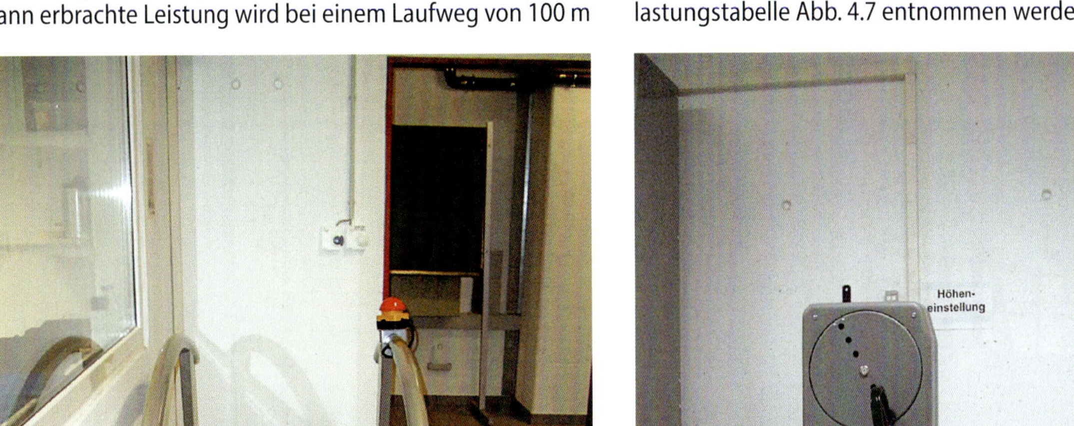

Abb. 4.9: Laufband

Abb. 4.10: Armergometer

Weitere Arbeitsmessgeräte, wie beispielsweise ein Armergometer oder ein „Treppensteiger" usw. werden von den Ausstattern von Atemschutz-Übungsanlagen angeboten. Eine sinnvolle Zusammenstellung aus Arm- und Beinbelastung wird empfohlen.

Übungsraum

- Orientierung
- Fortbewegung
- Einsatzmäßiges Verhalten
- Möglichkeit zur Verrauchung
- Standortüberwachung über Kamera
- mindestens 50 m Übungsstrecke
- Industrieübungseinrichtung
- Gasarmatur
- Simulation einer Stromversorgung zum Abschalten
- Tankübungsanlage
- Notentrauchung 2 m Sicht nach 2 Minuten

Abb. 4.11: Orientierungsstrecke

Abb. 4.12: Röhre

Abb. 4.13: Hindernis

Die Überwachung des Übenden erfolgt akustisch durch eine Wechselsprechanlage oder über Funkgeräte im 2-m-Bereich. Als Standortüberwachung sind Wärmebildkameras für den kompletten Raum einzusetzen. Im Notfall werden zentral durch einen Notschalter die volle Beleuchtung und die Lüftungsanlage eingeschaltet. Die FwDV 7 legt für die Orientierungsstrecke mit durchschnittlichem Schwierigkeitsgrad (teils kriechend, teils gehend) einen Richtwert für die körperliche Belastung des Atemschutzgeräteträgers mit 4 kJ pro 10 m Übungsstrecke fest. Dieser Richtwert wird bei der Zusammenstellung der Übungen bei der Aus- und Fortbildung zu Grunde gelegt.

Abb. 4.14: Tank

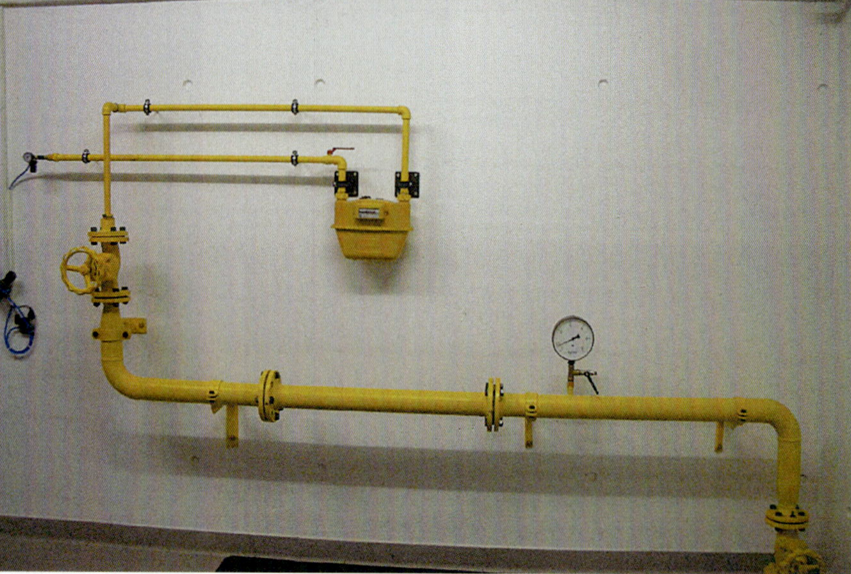

Abb. 4.15: Industrie

Schleusen

Die Schleuse dient dazu, die Übenden so ein- und auszuschleusen, dass luftfremde Stoffe nicht in andere Gebäudeteile eindringen können.

Abb. 4.16: Schleusenausgang

Zielraum

- Menschenrettung
- Löschangriff
- Notfalltraining
- beheizbare und/oder mechanisch aufhebelbare Tür
- Zugang über zwei Wege
- Standortüberwachung optisch und akustisch über Leitstand
- Notentrauchung 2 m Sicht nach 2 Minuten

Der Zielraum kann mit Möbeln ausgestattet sein, um ein Absuchen und ein Vorgehen im Innenangriff zu simulieren. Ist hier eine Verrauchung vorgesehen, so muss die Standortüberwachung über Wärmebildkamera sichergestellt werden.

Abb. 4.17: Zielraum 1: Beheizbare Tür

Abb. 4.18: Zielraum 2: Raum mit Gartenmöbel

Abb. 4.19: Zielraum 3: Wasser- und Stromanschluss

Leitstand

- Leitung, Überwachung (optisch und akustisch – auch bei Stromausfall) und Steuerung des Übungsablaufs
- Möblierung
- Steuerpult mit Steuer- und Überwachungseinrichtung
- Notruftelefon

Leitstand

Schulungs- und/oder Aufenthaltsraum

- Vor- und Nachbereitung von Übungsaufgaben
- eine für den Übungsbetrieb abgestimmte Garderobe
- Möblierung für Aufenthalt und Ausbildung
- Mediaeinrichtung für taktische Unterweisung

Abb. 4.19: Leitstand

Erste-Hilfe-Raum

- Erstversorgung von Verletzten
- Hand-Desinfektionsmittelspender Untersuchungsliege
- Verbandkasten E nach DIN 13169
- Automatischer Externer Defibrillator (AED)

Sozialräume

- Umkleide, Dusche, WC getrennt nach Frauen und Männern
- ausreichend Haartrockenplätze

Ersatzstromversorgung

Für Atemschutz-Übungsanlagen ist eine Ersatzstromversorgung zur Aufrechterhaltung von

- Überwachungseinrichtungen,
- Notentrauchung und
- Notbeleuchtung
- Telefon

vorzuhalten.

Zusammenfasung für den Atemschutzgeräteträger

Der Lernzielkatalog sieht keine spezielle Ausbildungseinheit für Rechtsgrundlagen vor. Trotzdem begegnen sie uns beim Thema „Atemschutz" ständig. Die Auflistung der Rechtsgrundlagen umfasst die grundlegendsten Vorgaben und dienen der Möglichkeit, während der Ausbildung und darüber hinaus in den wichtigsten Regelungen nachlesen zu können:

- FwDV 2 „Ausbildung der Freiwilligen Feuerwehren"
- FwDV 7 „Atemschutz"
- VwV Feuerwehrausbildung
- DGUV Regel 112-190 „Benutzung von Atemschutzgeräten"
- DGUV Vorschrift 49 „Feuerwehren"

Lernerfolgskontrolle (LEK) – Lösungen auf Seite 10 –

4. Rechtsgrundlagen

LEK4.1 Welche Tätigkeiten umfasst die Wiederherstellung der Einsatzbereitschaft eines gebrauchten Atemschutzgeräts?

a) Reinigung und Desinfektion des Pressluftatmers und Demontage/Montage der Atemluftflasche

b) Einsatzkurzprüfung und Sichtprüfung

c) Demontage/Montage der Atemluftflasche

d) Mitteldruckprüfung

e) Lungenautomatentausch und Dokumentation

LEK4.2 Welche Nachuntersuchungsfrist für die Eignungsuntersuchung für das Tragen von Atemschutzgeräten gilt für Personen über 50 Jahren?

a) 12 Monate

b) 24 Monate

c) 6 Monate

d) 36 Monate

LEK4.3 Was regelt die VwV Ausbildung für Baden-Württemberg?

a) Nur alle Lehrgänge, die an der Landesfeuerwehrschule stattfinden

b) Nur alle Lehrgänge, die auf Kreisebene stattfinden

c) Alle Lehrgänge, die es für Feuerwehren im Land sowohl auf Kreisebene als auch an der Landesfeuerwehrschule gibt

LEK4.4 Welches ist für Dich als Atemschutzgeräteträger das wichtigste Regelwerk für den Atemschutzeinsatz?

a) Die DGUV-Information Atemschutz

b) Die Feuerwehr-Dienstvorschrift 7 Atemschutz

c) Die Verwaltungsvorschrift Feuerwehrausbildung

Lernerfolgskontrolle interaktiv
https://t1p.de/zhg7n8

5. Atemschutzgeräteeinsatz

5.1 Einteilung Atemschutzgeräte

Die DGUV-Regel 112-190 teilt Atemschutzgeräte entsprechend ihrer Wirkungsweise in Filtergeräte und Isoliergeräte ein. Anschließend erfolgt eine Unterscheidung nach Bauform und Wirkungsweise.

Die Abbildung „Einteilung der Atemschutzgeräte" stellt nur die Gerätetypen dar, die hauptsächlich bei den Feuerwehren eingesetzt werden. Nicht dargestellt werden die Frischluft- und Saugschlauchgeräte.

Einteilung der Atemschutzgeräte der DGUV-Regel 112-190

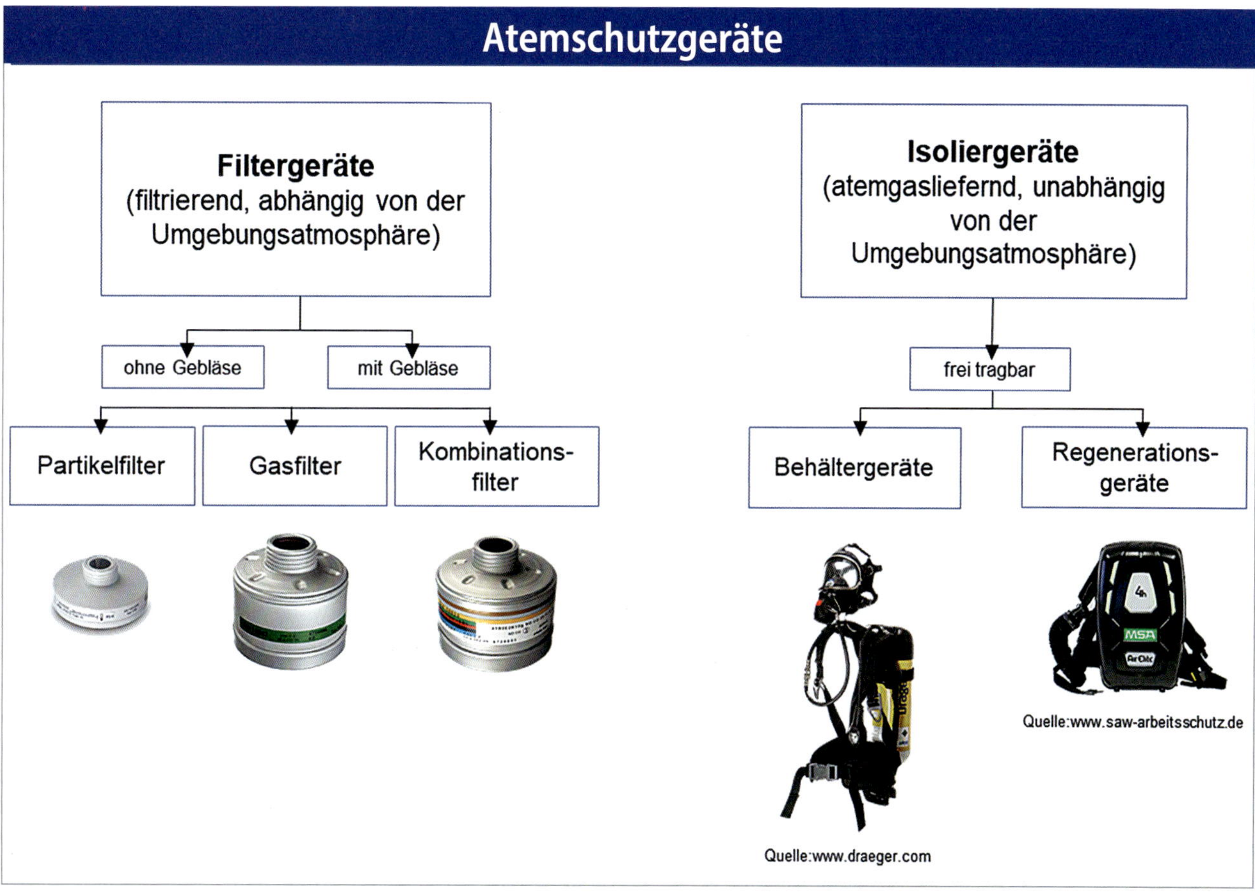

Abb. 5.1

Neben den frei tragbaren Isoliergeräten gibt es noch nicht frei tragbare Schlauchgeräte, die über eine längere Versorgungsleitung an einer Atemluftquelle hängen. Da diese Geräte bei den Feuerwehren sehr selten vertreten sind, bleiben sie hier unberücksichtigt.

5.1.1 Schadstoffe in der Umgebungsluft

Im Feuerwehreinsatz können uns verschiedene Schadstoffe oder Umgebungsbedingungen begegnen, die das Tragen von Atemschutz notwendig machen.

Es gibt feste und flüssige partikelförmige Aerosole, wie z. B.

- Staub
- Rauch
- Nebel 
- radioaktive Partikel 

und luftgetragene biologische Stoffe, wie z. B.

- Viren
- Bakterien
- Sporen
- Pilze
- Schimmel.

Die folgende Abbildung zeigt die grundsätzliche Voraussetzung von 17 Vol.-% Sauerstoff für unsere Atmung, was grundlegende Voraussetzung ist, um Filteratemschutz zu tragen. Ist der Sauerstoffgehalt unter 17 Vol.-%, ist Isolieratemschutz (Pressluftatmer) zu tragen.

Es gibt zwei verschiedene Methoden, um persönlichen Atemschutz gegen schadstoffhaltige Atmosphäre zu erreichen:

- ➔ durch Reinigen der Luft (Filtergeräte)
- ➔ durch Zufuhr von Luft oder Sauerstoff aus einer nicht verunreinigten Quelle (Isoliergeräte)

Abb. 5.2: Filteratemschutz

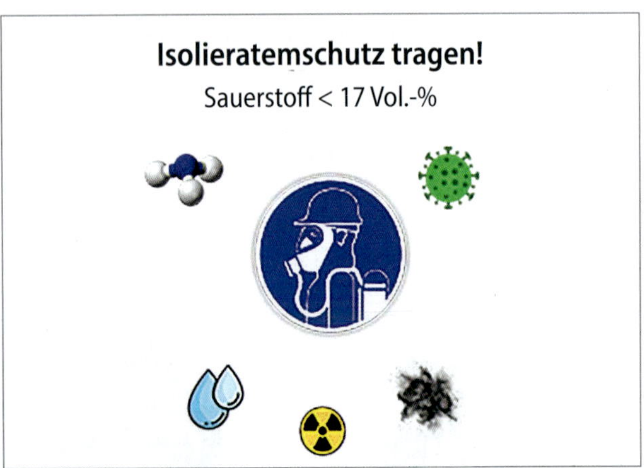

Abb. 5.3: Isolieratemschutz

5.1.2 Einsatzgrenzen von Atemschutzgeräten

Die Vorbedingungen für einen erfolgreichen Einsatz von Atemschutzgeräten werden grundsätzlich von drei Faktoren bestimmt:

vom ORT

Kann sich der Geräteträger frei bewegen oder ist er an einen Ort gebunden bzw. ist sein Bewegungsspielraum eingeengt?

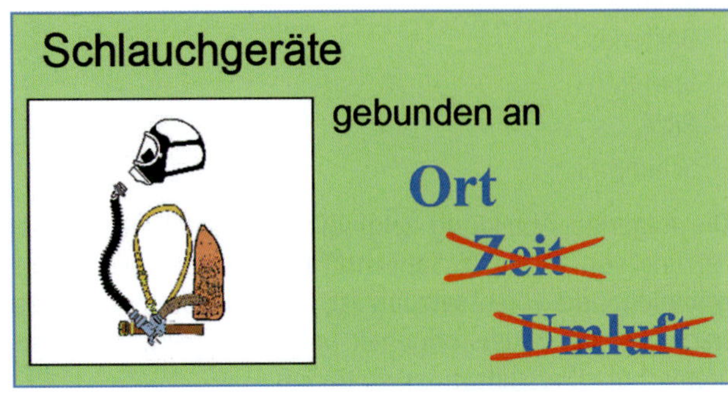

Abb. 5.4

von der ZEIT

Ist die Einsatzdauer durch das Atemschutzgerät begrenzt? Welche maximale Einsatzzeit ist durch den Gerätetyp vorgegeben?

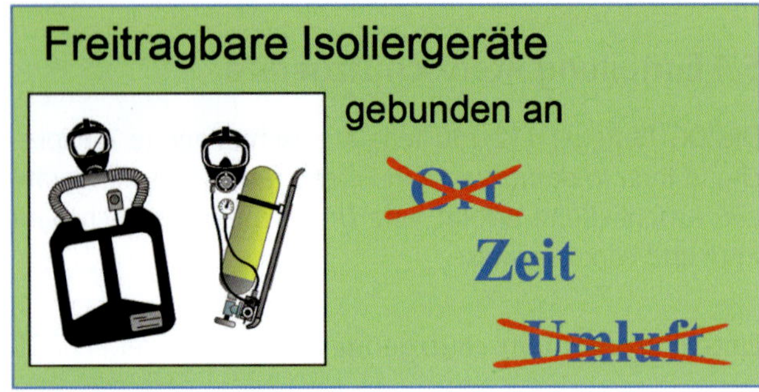

Abb. 5.5

von der UMLUFT

Ist die Schutzwirkung des Atemschutzgerätes von der Umgebungsluft völlig unabhängig oder in bestimmten Grenzen abhängig?

Abb. 5.6

Atemschutzgeräte bestehen aus dem Atemanschluss (Atemschutzmaske – bei der Feuerwehr nur Vollmaske) und dem eigentlichen Schutzgerät. Der Atemanschluss verbindet das Schutzgerät mit dem Atemorgan des Benutzers.

Die weiteren Ausführungen behandeln verschiedene Gerätetypen, Aufbau, Wirkungsweise und technische Daten sowie Einsatzgrenzen. Aus der Fülle von Atemschutzgeräten wurde eine Auswahl getroffen, die einen ausreichenden Überblick vermittelt, aber nicht vollständig sein kann.

5.2 Filter

5.2.1 Allgemeines

Das Schutzziel, dem Träger des Atemschutzgerätes gesundheitsunschädliche Atemluft zuzuführen, wird bei den Filtergeräten durch Entfernen der Schadstoffe mittels Gas-, Partikel- oder Kombinationsfilter in Verbindung mit geeigneten Atemanschlüssen erreicht. Filtergeräte können je nach Filterart spezifische Schadstoffe in gewissen Grenzen aus der Umgebungsatmosphäre entfernen. Sauerstoffmängel können sie aber nicht beheben. Deshalb dürfen Filtergeräte nur eingesetzt werden, wenn die Umgebungsatmosphäre bestimmte Voraussetzungen erfüllt.

Zum Schutz gegen schädigende Gase und Dämpfe (Schadgase) ohne gleichzeitig auftretende Partikel werden Gasfilter verwendet.

Zum Schutz gegen feste, flüssige oder radioaktive Partikel ohne gleichzeitig auftretende Schadgase werden Partikelfilter eingesetzt.

Ein Gasfilter schützt nicht gegen Partikel, ein Partikelfilter nicht gegen Gase.

Gegen gleichzeitig auftretende Gase und Partikel werden Kombinationsfilter – bestehend aus Gas- und Partikelfilter – eingesetzt, ebenso wenn Partikel Schadgase (auch Dämpfe oder gasförmige Aktivitäten) freisetzen.

Filtergeräte sind die am einfachsten aufgebauten Atemschutzgeräte. Sie bestehen nur aus dem Atemanschluss und dem Atemfilter. Da Filter jedoch von der Umgebungsatmosphäre abhängig sind, sollten sie nur unter Beachtung der Einsatzgrundsätze Anwendung finden.

5.2.2 Einsatzgrundsätze beim Tragen von Filtergeräten

Die Feuerwehrdienstvorschrift 7 „Atemschutz" führt dazu unter Punkt 7.3 aus:

- Filtergeräte dürfen nur eingesetzt werden, wenn Luftsauerstoff in ausreichendem Maße vorhanden ist.
  - Der Sauerstoffgehalt muss mindestens 17 Vol.-% betragen.
- Spezielle Regelungen, wie z. B. für CO-Filter, sehen eine Mindestkonzentration von 19 Vol.-% vor (siehe Gebrauchsanweisung der verschiedenen Filter).

Sauerstoffgehalt in der Umgbungsatmosphäre [Vol.-%]	Auswirkungen auf die Auswahl
≥ 19	Keine, jedoch sind Filtergeräte generell möglich
< 19 ≤ 17	Filtergeräte möglich (außer CO-Filter), jedoch in besonderen Bereichen (z. B. abwassertechnische Anlagen, Deponien) nur Isoliergeräte
< 17	Isoliergeräte

Tabelle 3: DGUV-Regel 112-190, 4.5.1.3.1 Sauerstoffkonzentration in der Umgebungsatmosphäre

- Filtergeräte dürfen nicht eingesetzt werden, wenn Art und Eigenschaft der vorhandenen Atemgifte unbekannt sind, wenn Atemgifte vorhanden sind, gegen deren Art oder Konzentration das Filter nicht schützt oder wenn starke Flocken- oder Staubbildung vorliegt.
  - Ideale Einsatzvoraussetzungen sind z. B. im ABC-Einsatz, wenn Stoffe und Konzentrationen bekannt sind.
  - Flocken- und Staubbildung setzen die Poren des Filters zu, wodurch der Atemwiderstand schnell zunimmt.
- Die Einsatzgrenzen der Atemfilter sind zu beachten. In Zweifelsfällen sind Isoliergeräte zu verwenden.
- Gasfilter dürfen grundsätzlich nur gegen solche Gase und Dämpfe eingesetzt werden, die der Atemschutzgeräteträger bei Filterdurchbruch riechen oder schmecken kann. Die Möglichkeit einer Beeinträchtigung oder Lähmung des Geruchssinns durch den Schadstoff ist zu berücksichtigen. Die Herstellerangaben sind zu beachten
  - z. B. bei Freiwerden von Schwefelwasserstoff.
- Bei Verwendung von Atemfiltern ist auf Funkenflug (zum Beispiel Trennschleifen, Brennschneiden) oder offenes Feuer zu achten (Brandgefahr).
- Atemfilter, die geöffnet und benutzt wurden, müssen nach dem Einsatz unbrauchbar gemacht und entsorgt werden. Geöffnete, unbenutzte Filter können zu Ausbildungs- und Übungszwecken verwendet werden.

Einsatzgrenzen für den Filtereinsatz

1 → Sauerstoffanteil in der Umgebungsluft < 17 Vol.-%

2 → Passender Filter für die vorhandenen Schadstoffe

3 → Schadstoffe und deren Konzentration sind bekannt

4 → Keine starke Flocken- oder Staubbildung

5 → Kein Funkenflug

6 → Schadstoff muss riechbar oder schmeckbar sein

Abb. 5.7

Zu beachten ist, dass bei hoher Luftfeuchtigkeit (z. B. starker Regen, Dekontaminationszelt im Bereich der Duschabteilung, usw.) der Atemwiderstand schneller ansteigt als bei normaler Luftfeuchtigkeit. Sobald der Anstieg des Atemwiderstands spürbar ansteigt, ist das dem zuständigen Einheitsführer zu melden.

Abb. 5.8: Übungsfilter

- Für Übungen gibt es im Handel spezielle Übungsfilter, die das Gewicht und den Atemwiderstand simulieren und nach Gebrauch leicht in der Atemschutzwerkstatt zu desinfizieren sind.

Merke

Die Einsatzzeit eines Atemfilters hängt von der Konzentration der Schadstoffe in der Luft, der körperlichen Arbeit und somit von dem Luftverbrauch des Atemschutzgeräteträgers ab.

Da es keine Anzeige gibt, wann der Filter voll ist und nicht mehr filtern kann, muss der Atemschutzgeräteträger auf folgende Anzeichen der Filtersättigung achten:

➜ erhöhter Atemwiderstand

➜ Geruch oder Geschmack in der Ausatemluft

5.2.3 Filtergeräte gegen Gase und Dämpfe (Gasfilter)

Begriff:

Gasfilter sind Filter, die schädliche Gase und Dämpfe aus der Umgebungsatmosphäre entfernen.

Aufbau:

Sie bestehen aus einem Filtergehäuse mit einer Lufteintrittsöffnung und einem Rundgewindeanschluss (Normaldruck, Überdruck ESA (ESA = Einheitssteckanschluss)) als Luftaustrittsöffnung. Sie sind mit Aktivkohle gefüllt, die auf Grund ihrer porösen Struktur eine sehr große Oberfläche bildet.

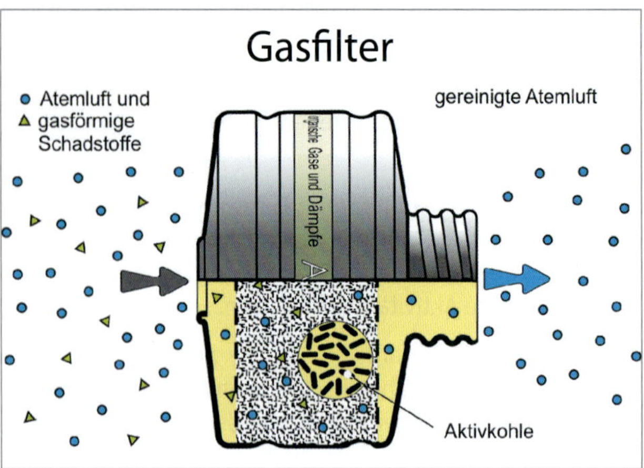

Abb. 5.9

Wirkungsweise

Strömt die Atemluft durch die Füllung, bleiben die Schadstoffmoleküle an den Aktivkohlekörnchen hängen. Man spricht von einer physikalisch wirkenden Adsorption. Für viele Gase wird dieser Effekt durch eine Oberflächen-Imprägnierung der Aktivkohle verstärkt. In diesem Fall wird die Rückhaltung der Schadstoffmoleküle auf chemischem Wege verbessert.

Gasfiltertypen

Gasfilter werden nach der Art der Schadstoffe (Atemgifte) in der Umgebungsatmosphäre in die Gasfiltertypen A, B, E und K unterteilt, wobei jedem Gasfiltertyp eine Kennfarbe zugeordnet ist. Die Kennfarbe ist entweder aus einer entsprechenden Färbung des Filtergehäuses oder einem umlaufenden Band auf einem farbneutralen Filtergehäuse ersichtlich.

Einsatzgrenzen für Gasfilter

Gasfilter der Filtertypen A, B, E und K werden nach ihrem Aufnahmevermögen in Klassen mit geringem, mittlerem oder großem Aufnahmevermögen eingeteilt.

Kennzeichnung und Einsatzbereiche von Gasfiltertypen nach DGUV Regel 112-190

Filtertyp	Kennfarbe	Haupteinsatzbereich	Filterklasse	Einsatzgrenzen des Filters
A	Braun	Organische Gase und Dämpfe mit Siedepunkt > 65°C	1	1.000 ml/m³ (0,1 Vol-%) ohne Gebläse 500 ml/m³ (0,05 Vol-%) mit Gebläse
B	Grau	Anorganische Gase und Dämpfe	2	5.000 ml/m³ (0,5 Vol-%) ohne Gebläse 1.000 ml/m³ (0,1 Vol-%) mit Gebläse
E	Gelb	Schwefeldioxid, Hydrogen chlorid und andere saure Gase		
K	Grün	Ammoniak und organische Ammoniak-Derivate	3	10.000 ml/m³ (1,0 Vol-%) ohne Gebläse 100 ml/m³ (0,5 Vol-%) mit Gebläse

Filtertyp	Kennfarbe	Haupteinsatzbereich	Filterklasse	Einsatzgrenzen des Filters
AX	Braun	niedrigsiedende organische Verbindungen mit Siedepunkt ≤ 65°C		5.000 ml/m³ (0,5 Vol-%) ohne Gebläse 1.000 ml/m³ (0,1 Vol-%) mit Gebläse
SX	Violett	wie von der Herstellerfirma festgelegt		nach Angabe der Herstellerfirma festgelegt
NO-P3	Blau-weiß	NitroseGase		2.500 ml/m3 für max. 20 Minuten
Hg-P3	Rot-weiß	Quecksilber		max. Gebrauchsdauer 50 Stunden
CO	Schwarz	Kohlenstoffmonoxid	20	20 Minuten
			60	60 Minuten
			180	180 Minuten
			60 W	W = Wiedergebrauchbarkeit innerhalb einer Woche
			180 W	
Reaktor	Orange-weiß	radioaktives Iod einschließlich radioaktivem Iodmethan, auch gegen radioaktiv kontaminierte Partikel		nach Angabe der Herstellerfirma

Tabelle 4: Kennzeichnung und Einsatzbereiche von Gasfiltertypen nach DGUV Regel 112-190

Gasfilter wie Hg, NO, CO, AX oder SX Filter haben keine Einteilung in Filterklassen.

Bei Gasfilter gegen CO ist die jeweilige Gebrauchsdauer zu berücksichtigen. Eine Wiedergebrauchbarkeit bei Feuerwehreinsätzen ist eher unwahrscheinlich (☞ siehe 5.2.2 Einsatzgrundsätze für das Tragen von Filtergeräten)

5.2.4 Filtergeräte gegen Partikel (Partikelfilter)

Begriff:

Partikelfilter sind Filter, die Partikel aus der Umgebungsatmosphäre entfernen.

Aufbau:

Partikelfilter sind entweder unlösbar von einer Filterkapsel umhüllt, ungekapselt in eine Filterfassung eingesetzt oder fest oder auswechselbar in Schraubfiltergehäusen untergebracht. Sie bestehen aus einem Gemisch feiner Fasern in Form von gefaltetem Filterpapier.

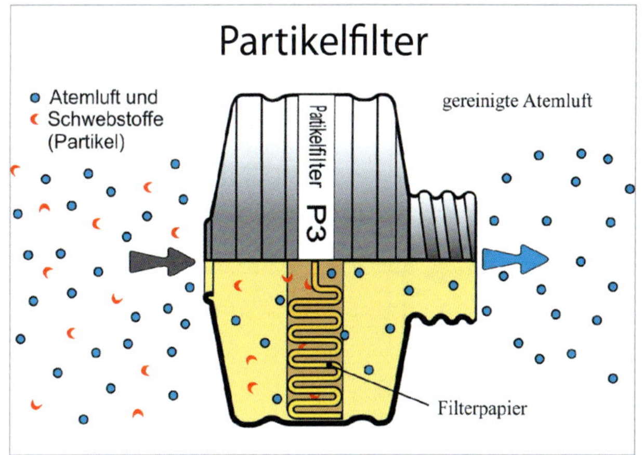

Abb. 5.10

Wirkungsweise:

Schwebstoffe und flüssige Partikel werden an der Faseroberfläche mit gutem Wirkungsgrad festgehalten. Damit eine möglichst große Filteroberfläche entsteht und im Filtergehäuse untergebracht werden kann, ist das Filterpapier mehrfach gefaltet. Dabei wird jeweils zwischen niedrigem Atemwiderstand und hoher Filterleistung optimiert.

Filtertyp	Kennfarbe	Haupteinsatzbereich	Filterklasse	Einsatzgrenzen des Filters
P	Weiß	feste und flüssige Aerosole	P1	geringes Abscheidevermögen
			P2	mittleres Abscheidevermögen
		radioaktive Partikel, CMR-Stoffe*, luftgetragene biologische Arbeitsstoffe der Risikogruppe 3	P3	hohes Abscheidevermögen

Tabelle 5: Klassen von Partikelfiltern

Partikelfilter werden nach ihrer Abscheideleistung in Klassen eingeteilt. Es gibt drei Klassen von Partikelfiltern: P1, P2 und P3.

Die Farbkennzeichnung besteht aus einem weißen Band auf einem farbneutralen Filtergehäuse. Der Schutz, der durch ein P2- oder P3-Filter gegeben ist, schließt den Schutz durch ein entsprechendes Filter einer niedrigeren Klasse ein.

Partikelfilter und partikelfiltrierende Halbmasken werden nicht nur von Feuerwehren benutzt, sondern auch im Rahmen des Arbeitsschutzes in der Industrie. Da hier unter entsprechenden Vorgaben eine Wiederverwendbarkeit möglich ist, sind Partikelfilter hierfür wie folgt zu kennzeichnen:

„**NR**" (non-reusable = nicht wiederverwendbar)
„**R**" (reusable = wiederverwendbar)

5.2.5 Filtergeräte gegen Partikel, Gase und Dämpfe (Kombinationsfilter)

Begriff

Kombinationsfilter vereinigen Partikel- und Gasfilter in einem Gehäuse. Sie bieten damit Schutz bei Schadstoffen, die als Gemisch von Gasen, Dämpfen und Partikeln in der Atemluft auftreten.

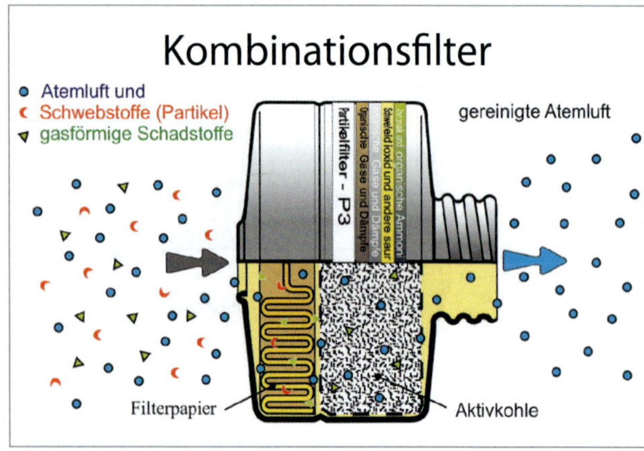

Abb. 5.11

Aufbau

Im Filtergehäuse wird in Strömungsrichtung zuerst das Partikelfilter und dahinter das Gasfilter eingesetzt.

Wirkungsweise

Die Einatemluft wird zunächst im Partikelfilter gereinigt, damit die Aufnahmefähigkeit der Aktivkohle im Gasfilter nicht durch Partikel verringert wird. Diese Anordnung ist auch notwendig, da sowohl feste als auch flüssige Partikel in der Lage sein können, Schadgase abzugeben, die dann durch das nachfolgende Gasfilter zurückgehalten werden.

Wenn im Feuerwehrdienst Filter eingesetzt werden, dann vor allem beim Strahlenschutzeinsatz oder beispielsweise beim Umgang mit gefährlichen Stoffen im Freien.

5.2.6 Gebrauchsdauer, Kennzeichnung und Lagerzeiten

Gebrauchsdauer

Die Gebrauchsdauer von Gasfiltern ist stark von äußeren Bedingungen (Umgebungsatmosphäre, Geräteträger) abhängig. Neben Größe und Typ des Filters wird die Gebrauchsdauer hauptsächlich von folgenden Faktoren beeinflusst:

- Art und Konzentration des Schadstoffes
- Luftbedarf des Geräteträgers in Abhängigkeit von der Arbeitsbelastung und seiner persönlichen Kondition
- Feuchtigkeit und Temperatur der Umgebungsatmosphäre.

Richtwerte für die Gebrauchsdauer von Gasfiltern können deshalb nicht angegeben werden. Gasfilter sind spätestens bei Auftreten von Geruch, Geschmack oder Reizerscheinungen zu wechseln. Dies kann bei ungünstigen Verhältnissen bereits nach Minuten der Fall sein.

Die Gebrauchsdauer von Partikelfiltern richtet sich hauptsächlich nach dem noch erträglichen Einatemwiderstand.

Dieser wird beeinflusst von:

- der Art und Konzentration des Schadstoffes
- der Dauer der Beatmung des Filters
- dem Luftbedarf des Geräteträgers in Abhängigkeit von der Arbeitsbelastung und seiner persönlichen Disposition
- der Abscheideleistung (Abscheidevermögen)
- der Feuchtigkeit und Temperatur der Umgebungsatmosphäre.

Erfahrungsgemäß sind Einatemwiderstände von etwa 2,5 mbar bei einem Durchfluss von 30 l/min für den Geräteträger noch erträglich. Damit ergibt sich bei den üblichen Filtern eine Gebrauchsdauer von mehreren Stunden.

Die Filter sind spätestens bei Wahrnehmung von Geruch, Geschmack oder Reizerscheinungen zu wechseln.

Für Kombinationsfilter gelten hinsichtlich der Gebrauchsdauer sinngemäß die genannten Angaben für die Gasfilter und die Partikelfilter.

Kennzeichnung von Filtern

Gas- und Kombinationsfilter müssen gekennzeichnet sein. Die Kennzeichnung von Gasfiltern muss enthalten:

- Hersteller
- Filterart
- Typbezeichnung
- Kennbuchstabe für Gasfiltertyp
- Kennfarbe für Gasfiltertyp
- Kennziffer für Gasfilterklasse
- Hinweis auf die Norm (EN oder DIN)
- Jahr und Monat des Ablaufdatums der Lagerzeit oder das Herstelldatum und die Lagerzeit
- Hinweis: „Siehe Gebrauchsanweisung" in den offiziellen Sprachen des Anwenderlandes

Bei Kombinationsfiltern zusätzlich:

- Kennbuchstabe des Partikelfilters (P)
- Kennfarbe des Partikelfilters (Weiß)
- Kennziffer der Partikelfilterklasse (1–3)

Gas-, Partikel- und Kombinationsfilter zum direkten Anschluss an die Vollmaske dürfen ein Gewicht von 500 Gramm nicht überschreiten.

Lagerzeiten von Filtern

In der Regel besitzen Filter bei verschlossener und sachgerechter Lagerung eine Lager- und Benutzungsfrist von 6 Jahren ab Herstelldatum.

Geöffnete Filter müssen auch im ungebrauchten Zustand innerhalb von 6 Monaten ersetzt werden. Letztendlich gelten die jeweiligen Herstellervorgaben.

Merksätze

- ➜ Ein Filter kann nicht gereinigt und desinfiziert werden.
- ➜ Ein Filter liefert keinen Sauerstoff.
- ➜ Ein Filter muss gasdicht von Hand am Atemanschluss angeschraubt werden können (ohne Werkzeuge).
- ➜ Erhöhter Atemwiderstand, Wahrnehmung von Geruch und Geschmack und Reizerscheinungen deuten auf das Ende der Gebrauchsdauer des Filters hin. Wird das festgestellt, so ist der Einheitsführer / die Atemschutzüberwachung zu informieren.
- ➜ In den meisten Fällen kann ein Filter nur einmal benutzt werden.

5.3 Brandfluchthauben

Brandfluchthauben sind Fluchtgeräte, die ausschließlich dazu verwendet werden, um Personen aus einem rauchfreien Raum durch einen verrauchten Bereich ins Freie zu bringen. Brandfluchthauben werden auch stationär in bestimmten Gebäudebereichen vorgehalten, wenn sie vom vorbeugenden baulichen Brandschutz für erforderlich gehalten werden.

Brandfluchthauben

https://shop.draeger.com/draeger-parat-5500/r59425m/

www.ace-technik.com

Abb. 5.12: Brandfluchthaube

Brandfluchthauben gehören zu den umluftabhängigen Atemschutzgeräten. Sie besitzen einen Kombinationsfilter (CO-P3) gegen das häufig im Brandrauch vorkommende Kohlenmonoxid und gegen Partikel. Sie bestehen aus Hauben mit Sichtscheibe und einer Innenmaske. Sie bieten ausreichend Platz für Brillen, lange Haare und Vollbärte. Sie sind einsetzbar für Kinder wie für Erwachsene.

Vor der Benutzung ist es wichtig, mit geringem Zeitaufwand den Personen, die die Brandfluchthaube tragen sollen, zu erklären, wie die Haube getragen und die Rettung ablaufen soll.

Brandfluchthauben müssen zur Benutzung ausgepackt und der integrierte Filter an beiden Seiten geöffnet werden. Ob weitere Schritte vor der Benutzung notwendig sind, ist den entsprechenden Herstellerhinweisen zu entnehmen. Nach dem Überziehen muss die außen angebrachte Zugbänderung derart angezogen werden, dass die Haube gut sitzt und die Innenmaske so weit wie möglich dicht abschließt.

Nach Gebrauch bzw. Öffnen des Filters wird die Brandfluchthaube entweder entsorgt oder in der Atemschutzwerkstatt durch einen dafür ausgebildeten Atemschutzgerätewart, nach Herstellerangaben, wieder in einen einsatzbereiten Zustand versetzt.

5.4 Atemanschluss

Allgemeines

Teil eines jeden Atemschutzgerätes ist der Atemanschluss, der das Gerät mit den Atemwegen des Benutzers verbindet. Der Atemanschluss kann sein:

- ➜ Schutzhaube
- ➜ Mundstückgarnitur
- ➜ Halbmaske
- ➜ Vollmaske bzw. Helm-Masken-Kombination HMK

Abb. 5.13 Quelle: Dräger Safety AG & Co. KGaA

Abb. 5.14 Quelle: MSA Auer GmbH

Im Feuerwehrdienst dürfen nur Vollmasken verwendet werden. Eine Vollmaske ist ein Gerät zum Abschluss der Atemwege und des Gesichts des Atemschutzgeräteträgers gegenüber der Umgebungsatmosphäre, sodass der Geräteträger nur auf dem vorgesehenen Weg mit Atemluft versorgt wird.

Sie bedeckt Augen, Nase, Mund und Kinn. Sie sichert einen ausreichend dichten Abschluss des Gesichtes bei trockener oder feuchter Haut, wenn der Kopf bewegt wird und wenn der Maskenträger spricht. Sie gewährt gleichzeitig Schutz gegen strahlende Wärme und mechanische Verletzungen.

Vollmasken sind mit einer Innenmaske ausgestattet, die einerseits den Totraum klein hält und andererseits durch die Luftführung das Beschlagen der Sichtscheibe verhindert.

Sie dürfen den Sitz des Feuerwehrhelms nicht beeinträchtigen.

Atemschutzgeräte können noch mit Normaldruck- und Überdrucktechnik betrieben werden (☞ *siehe 5.5.1 Aufbau: Unterscheidung Normal- und Überdruck*). In Zukunft wird es Normaldruck nur noch bei Filtergeräten geben. Derzeit gilt eine Übergangsfrist.

Für die Zulassung von Atemschutzmasken gilt, dass seit dem 31.12.1985 im Feuerwehrdienst nur noch Masken verwendet werden dürfen, die den Richtlinien für den Bau und die Prüfung von Vollmasken für Atemschutzgeräte für die Brandbekämpfung und Hilfeleistung bei den Feuerwehren entsprechen. Derzeit gilt die Europäische Norm EN 136 Teil 10, „Vollmasken für den speziellen Einsatz", die auch die Vollmasken für die Feuerwehren sowie deren Kennzeichnung regelt. Zusätzlich ist die Sichtscheibe mit dem Buchstaben „F" zu versehen. Das Kennzeichen muss sichtbar sein, wenn die Maske getragen wird.

5.4.1 Hauptteile der Vollmaske

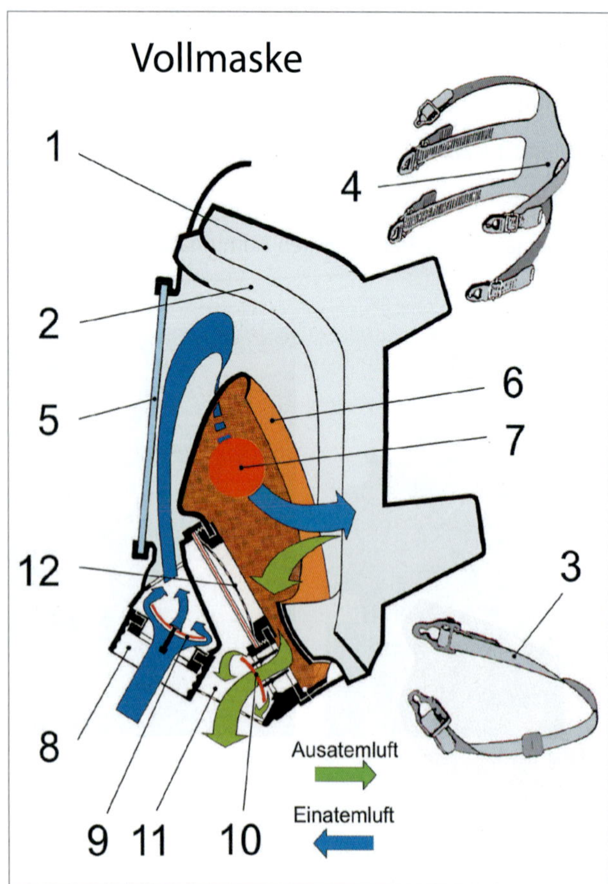

Abb. 5.15

1. Maskenkörper
2. Dichtrahmen
3. Trageband
4. Bänderung
5. Sichtscheibe
6. Innenmaske
7. Steuerventile
8. Anschlussstück
9. Einatemventil
10. Ausatemventil
11. Vorkammer
12. Sprechmembran

Der Maskenkörper

der Atemschutzmaske besteht entweder aus einer Gummimischung oder aus Silicon. Das für Vollmasken verwendete Material darf keine Scheuerstellen oder Hautreizungen erzeugen und muss eine vorgeschriebene Temperatur- und Flammenbeständigkeit besitzen. Auf dem Maskenkörper, der Innenmaske und der Bänderung müssen das Herstellerzeichen und das Baujahr deutlich erkennbar und dauerhaft angebracht sein.

Der Maskendichtrahmen

schmiegt sich an Stirn, Wangen und Kinn des Trägers und bewirkt bei richtigem Anlegen und Überprüfung so den gasdichten Abschluss der Gesichtsfläche.

Das Trageband

wird um den Hals gelegt und dient dazu, die Maske vor der Brust zu tragen.

Die Bänderung

besteht aus Kopfplatte, Nacken-, Schläfen- und Stirnband. Sie ist einstellbar und hält die Vollmaske fest und bequem in Position. Sie ist so beschaffen, dass die Maske schnell angelegt und abgenommen werden kann.

Die Sichtscheibe

ist gasdicht und zuverlässig mit dem Maskenkörper verbunden und darf die Sicht nicht beeinträchtigen.

Die Innenmaske

besitzt die Aufgabe, den Totraum innerhalb der Maske zu verkleinern und die Atemluft so zu führen, dass ein Beschlagen der Sichtscheibe von innen verhindert wird.

Die Steuerventile

schließen die Innenmaske gegenüber dem Maskenraum ab. Ihre Ventilwirkung ist so ausgelegt, dass die gewünschte Spülung des Sichtfensters erreicht und verhindert wird, dass sich Ein- und Ausatemluft vermischen.

Das Anschlussstück

ist in den Maskenkörper gasdicht eingebaut und stellt die Anschlussmöglichkeit für den Lungenautomaten oder Filter. Des Weiteren ist in das Anschlussstück das Ein- und Ausatemventil sowie die Sprechmembran eingesetzt.

Das Einatemventil mit Ventilsitz

gibt bei der Einatmung den Atemweg frei und muss bei der Ausatmung in seiner Ausgangsposition den Zugang zum Lungenautomat verschließen.

Das Ausatemventil

Hat die Aufgabe, beim Einatmen zu verhindern, dass Umgebungsluft in die Maske gesaugt wird, und beim Ausatmen, dass die Ausatemluft getrennt von der Einatemluft an die Umgebung abgegeben werden kann.

Die Vorkammer

schützt das Ausatemventil gegen Schmutz, Flammendurchschlag und mechanische Beschädigungen und hat eine Größe von mind. 15 cm3. Sie wird je nach Hersteller entweder durch ein Sieb geschützt oder in Form einer Winkelvorkammer als Ganzes auf das Ausatemventil gesetzt.

Die Sprechmembran

ermöglicht eine ausreichende Verständigung unter Atemschutz. Sie ist gegen mechanische Beschädigungen geschützt und hält einem statischen Differenzdruck von 80 mbar stand.

Der Hersteller muss eine Gebrauchsanleitung in der offiziellen Landessprache des Verwenderlandes mit folgenden Angaben mitliefern:

- Prüfung
- Einsatz
- Pflege
- Lagerung
- Wartung
- Instandsetzung.

5.4.2 An- und Ablegen von Vollmasken

➜ Maske aus der Verpackung bzw. der Maskenbüchse nehmen und kontrollieren, ob die Bänderung vollständig geöffnet ist. Zusätzlich kann noch der korrekte Sitz der Innenmaske und das Vorhandensein des Ein- und Ausatemventils überprüft werden. Bei Gebrauch einer Maskenbrille ist auch deren korrekter Sitz zu kontrollieren.

➜ Maske am Nackentrageband (wenn vorhanden) um den Hals hängen. Wichtig ist, dass das Trageband unter dem Jackenkragen getragen wird.

Abb. 5.16

➜ Maske über den Kopf ziehen und an das Gesicht anlegen. Haare aus dem Bereich der Dichtlippen entfernen.

➜ Kopfbänderung beginnend mit den Nackenbändern gleichmäßig (wenn möglich auch gleichzeitig) mit Gefühl nach hinten anziehen. Anschließend die Schläfenbänder und nur bei Bedarf auch das Stirnband anziehen.

Abb. 5.17

Abb. 5.18

Die beste Abdichtung und den besten Tragekomfort bieten die Masken, wenn die Kopfspinne am oberen Hinterkopf mittig sitzt.

➜ Maskendichtprobe durchführen, indem das Anschlussstück der Maske gehalten wird und die Handfläche per Auflegen (aber nicht Aufdrücken) das Einatemventil abdichtet. Wird jetzt eingeatmet, so muss sich die Maske in Richtung Gesicht bewegen und an keiner Stelle darf Luft ins Innere der Maske strömen.

Abb. 5.19

Zusätzlich kann diese Maskendichtprobe erneut durchgeführt werden, wenn der Atemschutzgeräteträger nach oben sieht. Oftmals zeigen sich erst dann am Übergangsbereich zwischen Kinn und Hals Undichtigkeiten, die unter Umständen erst während eines Einsatzes bemerkt worden wären. Ein weiteres Mal wird die Maskendichtprobe nach Anlegen der Feuerschutzhaube und des Helmes durchgeführt, da hier wieder Undichtigkeiten entstehen können.

Abb. 5.20

Es wird immer wieder um die Reihenfolge beim Anlegen der Feuerschutzhaube diskutiert. Letztendlich gilt es folgende Punkte aus sicherheitstechnischen Gründen zu beachten:

- Feuerschutzhaube so anlegen, dass die Rollschnallen nicht durch das Überziehen der Haube gelockert bzw. geöffnet werden können.
- Die Feuerschutzhaube muss derart an der Maske anliegen, dass keine ungeschützten Hautpartien sichtbar sind.
- Das Nackentrageband der Atemschutzmaske muss unter der Jacke gut verwahrt werden und darf nicht zwischen Feuerschutzhaube und Maskenkörper herausschauen.
- Der Jackenkragen ist so sorgfältig und gewissenhaft zu schließen. Auch hier darf das Nackentrageband nicht herausschauen.
- Die Helmbänderung ist nach dem Aufsetzen komplett zu verschließen.

Dieses gestellte Bild zeigt, wie es nicht auszusehen hat.

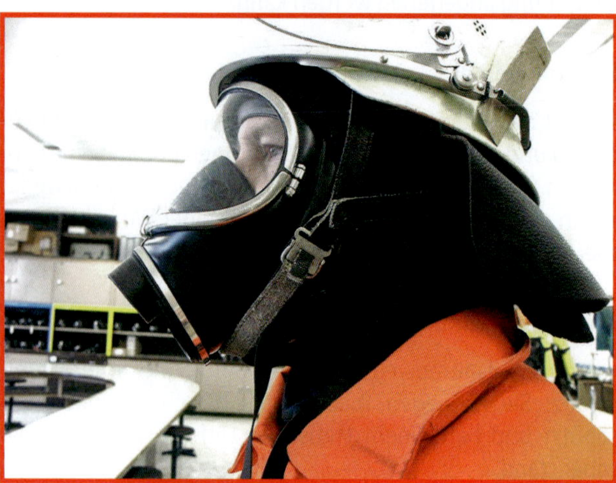

Abb. 5.21: Nackentrageband

Dieser Ablauf ist in das Ausrüsten mit kompletter Persönlicher Schutzausrüstung zu integrieren und als fester Handlungsablauf zu automatisieren.

Das Ablegen der Atemschutzmaske erfolgt in umgekehrter Reihenfolge bei geöffneter Bänderung.

5.4.3 Maskenbrillen

Atemschutzgeräteträgern, die eine Brille benötigen, wird eine innen liegende Maskenbrille mit Korrekturgläsern in der persönlich benötigten Schärfe vom Träger der Feuerwehr zur Verfügung gestellt. Führt der Atemschutzgeräteträger eine persönlich zugeteilte Maske bei sich, so ist die Brille beim Erhalt der Maske einzusetzen – nicht erst direkt vor dem Gebrauch der Maske.

5.5 Pressluftatmer

5.5.1 Aufbau

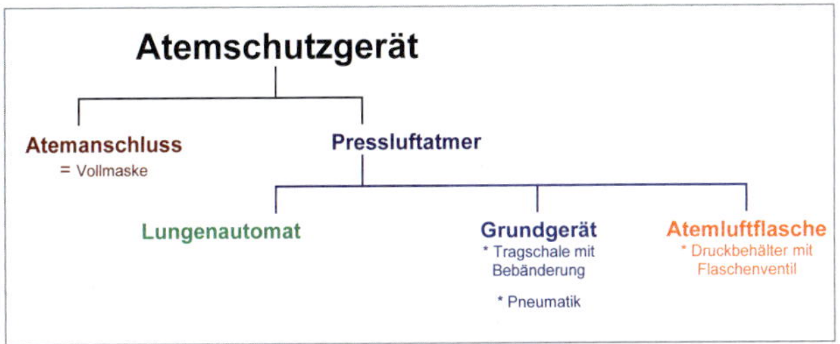

Abb. 5.23

5.5.1.1 Atemschutzgerät – Pressluftatmer – Grundgerät

Pressluftatmer (PA) sind in Verbindung mit Vollmasken umluftunabhängige Atemschutzgeräte. Die benötigte Atemluft wird unter Druck im Gerät mitgeführt. Der Pressluftatmer macht den Geräteträger unabhängig von der Umgebungsatmosphäre und vom Ort. Der Pressluftatmer muss so gebaut sein, dass der Geräteträger das Gerät ablegen kann, ohne die Atmung aus dem Gerät unterbrechen zu müssen. Der Pressluftatmer darf keine vorstehenden Teile besitzen, an denen der Geräteträger in engen Räumen hängen bleiben könnte. Weiter muss die Funktionsfähigkeit des Gerätes in jeder Lage gewährleistet sein und die Flaschenventile so angeordnet, dass der Geräteträger sie während der Benutzung bedienen kann. Die Konstruktion und der Aufbau des Pressluftatmers müssen gestatten, dass die Bauteile leicht zum Reinigen, Untersuchen und Prüfen getrennt werden können. Die lösbaren Verbindungen müssen möglichst von Hand leicht zu betätigen und zu sichern sein.

5.5.1.2 Aufbau

Als frei tragbares Behältergerät enthält der Pressluftatmer einen begrenzten Vorrat an Atemluft, was zwangsläufig die Einsatzdauer begrenzt. Bei einem Atemluftvorrat von 1600 Litern schwankt die Einsatzdauer je nach der physischen und psychischen Belastung des Geräteträgers zwischen 20 und 50 Minuten. Daher sind Pressluftatmer bei langen Anmarschwegen, z.B. bei großen Lagerhallen, ausgedehnten unterirdischen Verkehrsanlagen, großen Tiefgaragen oder langen Straßen- und Bahntunneln, nur bedingt geeignet. Hierzu gibt es als Mittellösung zwischen dem PA und dem Regenerationsgerät den PA-Lang. Dieser ist ein Zweiflaschengerät mit einem Atemluftvorrat von ca. 3200 Litern bei 300 bar Flaschendruck.

Pressluftatmer, die für die Brandbekämpfung und Hilfeleistung bei den Feuerwehren eingesetzt werden, besitzen einen Luftvorrat von mindestens 1600 Liter.

Das Gewicht des gebrauchsfertigen Gerätes einschließlich Atemanschluss und gefüllter Atemluftflasche(n) darf 18 kg nicht übersteigen.

5.5.1.3 Wirkungsweise des Pressluftatmers

Das Funktionsprinzip eines Pressluftatmers lässt sich anschaulich anhand des Weges der Atemluft von der Atemluftflasche bis zur Ausatmung über das Ausatemventil der Vollmaske ins Freie am Blockschaltbild Abb. 5.24 erläutern.

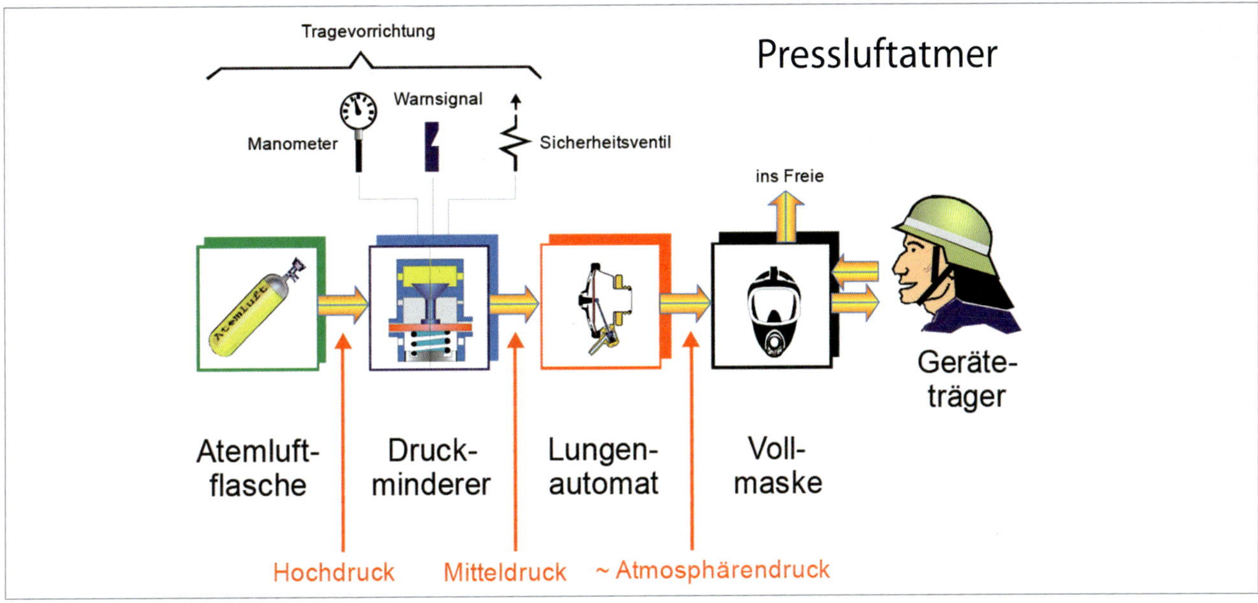

Abb. 5.24

Die Atemluft wird bei einem Fülldruck von 200 bar oder 300 bar in den Atemluftflaschen mitgeführt. Durch einen Druckminderer wird der Hochdruck auf einen Mitteldruck unter 10 bar reduziert. Mit diesem Mitteldruck steht die Atemluft am Lungenautomat an, der als atemgesteuerte Dosiereinrichtung dem Geräteträger je nach Bedarf die benötigte Atemluftmenge zuströmen lässt. Nach dem Atemvorgang gelangt die Ausatemluft des Geräteträgers über das Ausatemventil der Vollmaske ins Freie.

Ergänzend zu diesen Baugruppen sind noch zusätzliche Sicherheits- und Warneinrichtungen erforderlich, um den Pressluftatmer erfolgreich in der Praxis bei den Feuerwehren einsetzen zu können. So zeigt ein Manometer den in der Atemluftflasche vorhandenen Druck an. Ab einem Druck zwischen 60 und 50 bar ertönt ein akustisches Warnsignal und zeigt damit an, dass der Luftvorrat zu Ende geht. Ein Sicherheitsventil überwacht den Mitteldruck und öffnet bei Erreichen eines zulässigen Höchstdruckes. Es verhindert so, dass sich ein für den Geräteträger schädigender Überdruck aufbaut.

5.5.1.4 Hauptteile des Pressluftatmers:

- 1. Tragevorrichtung mit Begurtung
- 2. Atemluftflasche mit Flaschenventil
- 3. Druckminderer mit Mitteldruckleitung
- 4. akustische Warneinrichtung
- 5. Manometer mit Manometerleitung
- 6. Lungenautomat
- 7. Vollmaske

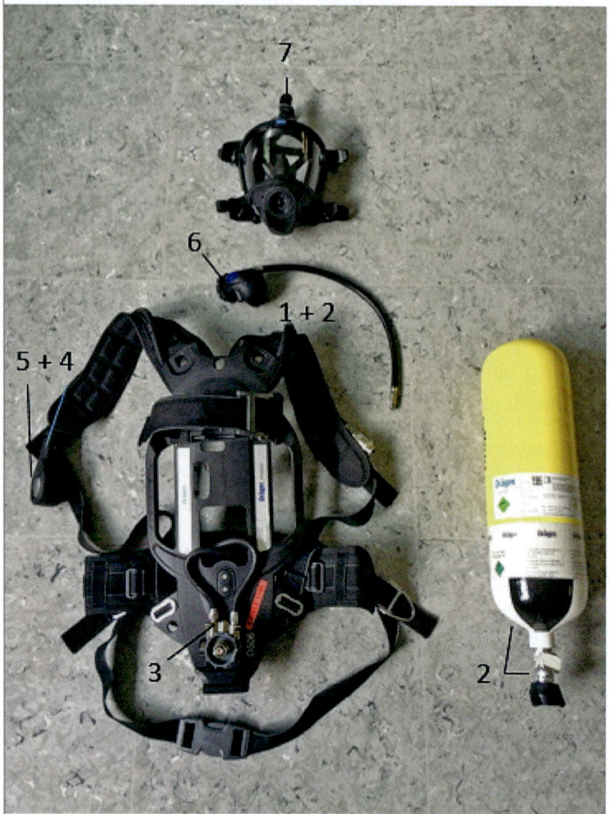

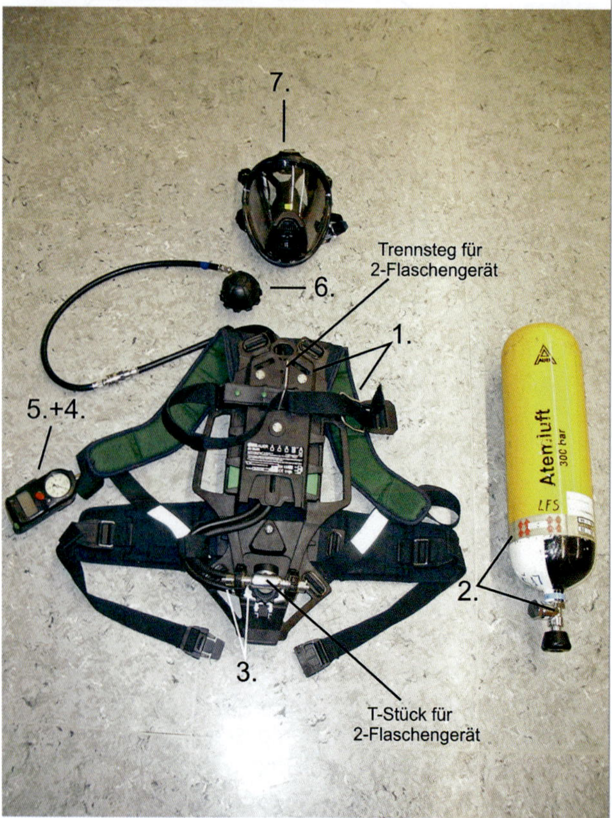

Abb. 5.25 bis 5.28

5.5.1.5 Funktionsbeschreibung der Hauptteile

Tragevorrichtung und Begurtung

Die Tragevorrichtung muss so ausgeführt sein, dass der Geräteträger das Gerät schnell und leicht und ohne Hilfe an- und ablegen kann. Die Begurtung muss einstellbar sein. Die Verstelleinrichtungen müssen so ausgeführt sein, dass sie nach der Einstellung sich nicht unbeabsichtigt verstellen. Die Tragevorrichtung muss den Geräteträger beim Bücken und beim Arbeiten in engen Räumen so wenig wie möglich behindern. Das Material der Gurte und Schnallen muss gegen Flammen und mechanische Beanspruchung widerstandsfähig sein.

Atemluftflasche

Für den Feuerwehreinsatz gibt es Atemluftflaschen aus Stahl, Stahl extra leicht, aus CFK-Verbundmaterial mit Aluminium- oder Kunststoffkern.

Atemluftflaschen sind nach Betriebssicherheitsverordnung durch eine zugelassene Überwachungsstelle einer wiederkehrenden Prüfung nach folgenden Fristen zu unterziehen:

- Atemluftflaschen für Atemschutzgeräte Stahl
  nach spätestens 5 Jahren
  Innere Prüfung und Festigkeitsprüfung
- Atemluftflaschen für Atemschutzgeräte CFK
  nach 3 oder 5 Jahren (Herstellerangaben)
  Innere, äußere Prüfung und Festigkeitsprüfung
- Druckgasflaschen für stationäre Füllanlage (Kompressor)
  nach spätestens 10 Jahren
  Innere Prüfung und Festigkeitsprüfung

Für Atemluftflaschen aus Stahl gibt es keine vorgegebene Lebensdauer, sie hängt vom Gebrauchszustand ab. Bei den Atemluftflaschen aus CFK-Verbundmaterial gibt es teilweise eine eingeschränkte maximale Lebensdauer von 15 Jahren. Mittlerweile sind auch Atemluftflaschen ohne Einschränkung verbreitet. Auch hier sind die jeweils gültigen Angaben den Herstellerhinweisen zu entnehmen.

Um die mechanische Beanspruchung von Atemluftflaschen aus CFK-Verbundmaterial zu reduzieren und die Wärmeeinwirkung im Brandeinsatz zu minimieren, gibt es Schutzhüllen.

Kennzeichnung der Atemluftflaschen nach Global Harmonised System GHS

Seit 01.06.2015 ist die Übergangsfrist für die Kennzeichnung von Gemischen (z. B. Atemluft) nach CLP-Verordnung abgelaufen. Da für Atemluftflaschen die physikalische Gefahr des Berstens bei Erhitzung besteht, sind Atemluftflaschen wie folgt zusätzlich zu kennzeichnen:

Es muss neben vielen Informationen auch Name und Anschrift des Befüllers nebst Telefonnummer auf den Aufkleber. Wird eine Atemluftflasche nun an einer anderen Stelle gefüllt, so kann man entweder

- mit einem zusätzlichen Adressaufkleber den vorhandenen überkleben oder
- mit einem zusätzlichen Adressaufkleber neben den eigentlichen Aufkleber mit händisch notiertem Fülldatum der aktuelle Befüller kenntlich gemacht werden. Es muss nicht immer der gesamte Aufkleber getauscht werden.

Verdichtete Luft – Pressluft Inhalt: 6 Liter

Stoffbezeichnung	Inhalt [Vol.-%]	CAS-Nr.
Stickstoff	78	7727-37-9
Sauerstoff	21	7782-44-7

Gefahrenhinweise
H280 – Enthält Gas unter Druck;
kann bei Erhitzen explodieren
Sicherheitshinweise
P403 – An einem gut belüfteten Ort aufbewahren

LFS BW - Atemschutzwerkstatt
Im Wendelrot 10
76646 Bruchsal
Tel. 07251 - 9330

Abb. 5.29

Kennzeichnung der Atemluftflaschen für den Transport

Nach der Norm DIN EN 1089-3:2011-10 müssen alle Gasflaschen einen Gefahrgutaufkleber erhalten, der die eindeutige Identifizierung des Flascheninhaltes ermöglicht.

Der Gefahrgutaufkleber befindet sich auf der Flaschenschulter und muss folgende Angaben enthalten:

Gefahrgutaufkleber

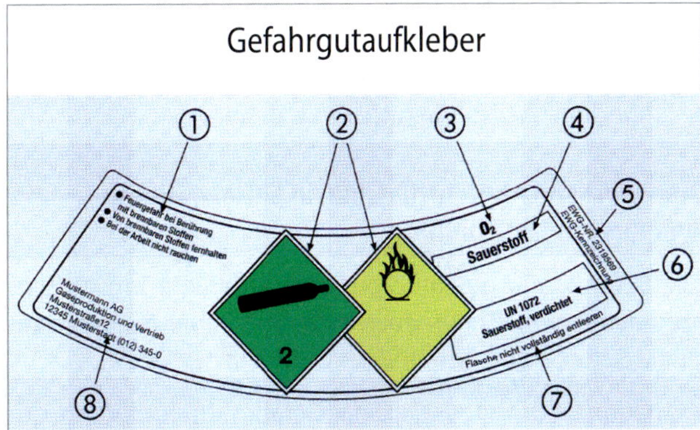

1. Risiko- und Sicherheitssätze (R- und S-Sätze)
2. Gefahrzettel nach ADR/RID
3. Zusammensetzung des Gases bzw. des Gasgemisches
4. Produktbezeichnung des Herstellers
5. EWG-Nummer bei Einzelstoffen oder das Wort „Gasgemisch"
6. Vollständige Gasbenennung nach ADR/GGVSE
7. Herstellerhinweis
8. Name, Anschrift und Telefonnummer des Herstellers

Abb. 5.30

Die Vereinigung zur Förderung des deutschen Brandschutzes (vfdb) unterhält als Arbeitsgremien verschiedene Referate mit dem Ziel, Entwicklungen und Tendenzen zur brandschutzspezifischen Sicherheit zu beobachten, für die Praxis zu bewerten und zu fördern. Das Referat 8 „Persönliche Schutzausrüstung" hat am 4. November 1998 die Empfehlung gegeben, für den Einsatz bei der Feuerwehr auf der Flaschenschulter nach DIN

EN 1089-3:2011-10 mit weiß-schwarzen Segmenten zu kennzeichnen und den Flaschenkörper in Gelb zu halten.

Abb. 5.31

Die Atemluft muss regelmäßig kontrolliert und den Qualitätsanforderungen der DIN EN 12021:2014-07, 6.3.2 Sauerstoffkompatible Luft, Tabelle 4 mit folgenden Merkmalen entsprechen:

- Sauerstoff O_2 21 ± 1 Vol.-%
- Kohlenmonoxid CO ≤ 5 ml/m^3 (ppm)
- Kohlendioxid CO_2 ≤ 500 ml/m^3 (ppm)
- Ölgehalt ≤ 0,1 mg/m^3
- Wassergehalt ≤ 25 mg/m^3
- keine Verunreinigungen der Luft wie beispielsweise Roststaub
- ohne signifikanten Geruch

Transport von Atemluftflaschen in Einsatz, Übung und Aus- und Fortbildung

Die Beförderung gefährlicher Güter unterliegt in Deutschland dem Europäischen Übereinkommen über die internationale Beförderung Gefährlicher Güter auf der Straße.

Als nationale Umsetzung gilt das Gefahrgutbeförderungsgesetz (GGBefG), die Gefahrgutverordnung Straße und Eisenbahn (GGVSE) sowie die Gefahrgut-Ausnahmeverordnung (GGAV).

Die Atemluftflaschen (einzeln oder an ein Atemschutzgerät montiert) sind laut ADR als Gefahrgut eingestuft, was zu umfangreichen Vorkehrungen für den Transport führen würde (z. B. Transportpapiere, Kennzeichnung und Lüftung des Fahrzeugs).

Als Erleichterung gibt die ADR jedoch verschiedene Möglichkeiten zur Freistellung von den geforderten Maßnahmen.

Eine Freistellung von den Vorschriften des ADR ist möglich bei:

1.1.3.1e Notfallbeförderung

„Notfallbeförderung zur Rettung menschlichen Lebens oder zum Schutz der Umwelt, vorausgesetzt es werden alle Maßnahmen zur völlig sicheren Durchführung dieser Beförderung getroffen."

Alle Einsatzfahrten der Feuerwehr sind hiermit abgedeckt.

Auf die Vorgabe der ADR zur Beförderung von Atemluftflaschen außerhalb eines Einsatzes, beispielsweise die Fahrt zur Ausbildung im Privat-Pkw, die Fahrt zur Atemschutzwerkstatt mit dem MTW oder eine Übungsfahrt mit einem GW-AS, kann aus zwei verschiedenen Blickwinkeln gesehen verzichtet werden:

- ADR 1.1.3.1 c
  Hier wird die Feuerwehr als Unternehmen gesehen, welches Beförderungen durchführt, die in Verbindungen mit ihrer Haupttätigkeit stehen. Voraussetzung hier ist die Unterschreitung der Freigrenze von 1.000 kg brutto (Gesamtgewicht von Gefäß und Inhalt)
- GGVSE § 5 „Ausnahmen"
  (7) Das Bundesministerium der Verteidigung, das Bundesministerium des Inneren, die Innenminister (-senatoren) der Länder … oder die von ihnen bestimmten Stellen dürfen für ihren jeweiligen Aufgabenbereich Ausnahmen für Beförderungen innerhalb Deutschlands erlassen.

Zur Inanspruchnahme dieser Freistellungsmöglichkeit muss es jedoch einen Runderlass geben.

Folgende Sicherheitsmaßnahmen sind generell für den Transport von Atemluftflaschen vorgesehen:

- Pressluftatmer werden in den dafür vorgesehenen Halterungen fixiert. Das Lösen der Fixierung erfolgt nach Stillstand des Fahrzeugs.
- Einzelne Atemluftflaschen werden in dafür vorgesehenen Halterungen gelagert, die einen Ventilschutz und eine sorgfältige Befestigung, bevorzugt in Geräteräumen des Fahrzeugs, bieten.
- Einzelne Atemluftflaschen sind mit einer Verschlussschraube gegen ungewolltes Abströmen gesichert. Kennzeichnung der Atemluftflaschen mit Gefahrgutaufkleber.
- Farbgebung der Flaschenschulter gemäß DIN EN 1089-3:2011-10.
- Transportbehältnisse sind ausreichend fest mit dem Fahrzeug zu verbinden.

Merke

Atemluftflaschen sind

→ stoßgesichert zu lagern, dass sie nicht umkippen, herunterfallen oder ihre Lage verändern können.
→ immer mit geschlossenem Ventil zu lagern.
→ vor Sonne, Hitze, Chemikalien und Feuer zu schützen.
→ sobald sie vom Grundgerät gelöst sind, immer mit Verschlussschraube im Ventilanschluss zu versehen.
→ am Körper des Flaschenventils oder am Flaschenkörper zu heben.
→ bei Beschädigung nicht mehr zu verwenden und der Atemschutzwerkstatt zu übergeben.

Atemluftvorrat

Für den Fülldruck von 200 bar sind 4-Liter-Flaschen im Gebrauch, während bei einem Fülldruck von 300 bar 6- oder 6,8-Liter-Flaschen Verwendung finden.

Der mitgeführte Atemluftvorrat errechnet sich bei einem Fülldruck von 300 bar unter Vernachlässigung der Temperatur nach der Zustandsgleichung für ideale Gase wie folgt:

$$V_{ges} = \frac{(p_{füll} * V_{DLF})}{(p_B * \varsigma)} = \frac{(300\ bar * 6\ Liter)}{(1{,}013\ bar * 1{,}1)} = 1.615\ Liter$$

V_{ges}	Füllvolumen Druckluftflasche	[Liter]
$p_{füll}$	Fülldruck	[bar]
V_{DLF}	Volumen Druckluftflasche	[Liter]
p_B	Luftdruck	[bar]
ς	Kompressibilitätsfaktor (ksi)	

Die Fähigkeit der Luft (also ein Gasgemisch) zur Kompression ist bezogen auf eine Flaschenfüllung mit 200 bar bzw. 300 bar nicht linear. Die Abweichungen sind im 200-bar-System sehr gering vorhanden, weshalb es in der praktischen Anwendung eher vernachlässigt wird und vereinfacht ein Kompressibilitätsfaktor 1 angenommen wird.

Kommen wir bei der Flaschenfüllung aber über 200 bar und nähern uns den 300 bar, wird dieser Effekt wesentlich stärker, weshalb er bei den Berechnung des Flaschenvolumens berücksichtigt werden muss. Dies findet Anwendung durch das Einfügen des Kompressibilitätsfaktors (ksi) in die Formel zur Berechnung des Flaschenvolumens.

Um diese Berechnungen praktikabler – also im Kopf rechenbar zu machen –, lässt man oft den Luftdruck weg und rundet den Kompressibilitätsfaktor auf.

Pressluftatmer mit 2 Atemluftflaschen je 4 Liter mit 200 bar:

$$Atemluftmenge = \frac{(200\ bar * 2 * 4\ Liter)}{1} = 1.600\ Liter$$

Pressluftatmer mit 1 Atemluftflasche mit 6 Liter mit 300 bar:

$$Atemluftmenge = \frac{(300\ bar * 6\ Liter)}{1{,}1} = 1.636\ Liter$$

Würde der Beiwert nicht berücksichtigt, so wäre die Atemluftmenge 1.800 Liter und es stünden scheinbar ca. 150 Liter mehr Luft zur Verfügung, als es tatsächlich der Fall ist.

$$Atemluftmenge = \frac{(300\ bar * 2 * 6{,}8\ Liter)}{1{,}1} = 3.709\ Liter$$

Flaschenventil(e)

Das Flaschenventil nach DIN EN 144 muss z. B. mittels Schutzrohr oder Sinterfilter gegen Feuchtigkeit, Partikel, die in der Druckluft enthalten sein können, geschützt sein. Verbesserungen wie Ausström- und Abbruchsicherung verringern die Gefährdung beim Umgang mit Atemluftflaschen. Ist das Flaschenventil mit solch einer Sicherung ausgerüstet, so ist dies an einem blauen Handrad zu erkennen.

Jegliche Verwendung von Werkzeugen zum Öffnen und Schließen der Flaschenventile bleibt dem Atemschutzgerätewart vorbehalten. Abb. 5.32 zeigt das Schnittbild eines Flaschenventils.

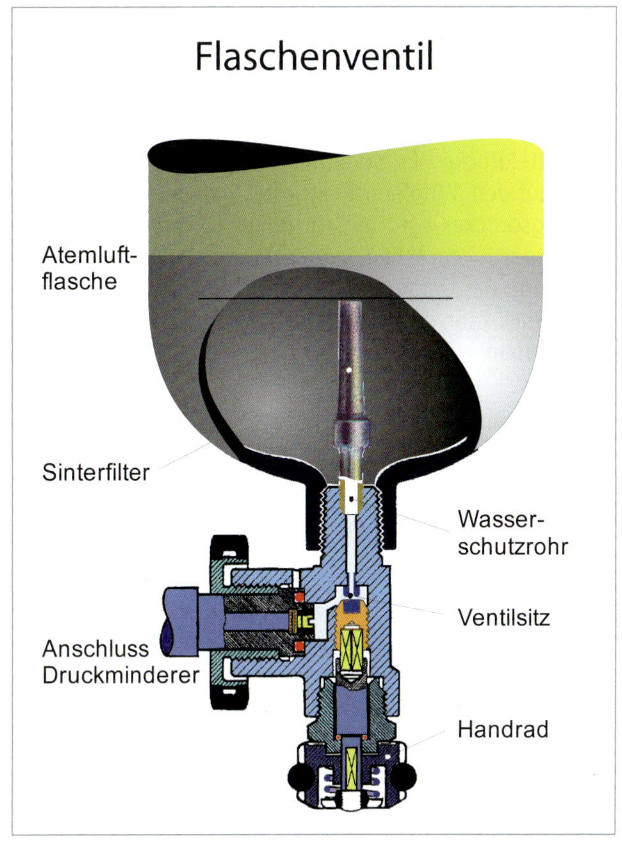

Abb. 5.32

Abb. 5.33: Flaschenventil mit Abströmsicherung (am blauen Handrad ersichtlich)

Druckminderer

Der Druckminderer hat seinen Platz geschützt im unteren Gerätebereich zwischen den Atemluftflaschen und der Tragevorrichtung. Er reduziert den Flaschenhochdruck auf den gleich bleibenden Mitteldruck.

Sicherheitsventil

Die Aufgabe des Sicherheitsventils ist die Überwachung des Mitteldruckes. Es ist ein federbelastetes Ventil, dessen Feder auf den Mitteldruck eingestellt ist. Bei Erreichen des Öffnungsdruckes wird ein so großer Öffnungsquerschnitt frei, dass sich kein schädigender Überdruck für den Geräteträger und das Gerät aufbauen kann. Bei diesem erhöhten Mitteldruck kann der Geräteträger noch ohne Behinderung weiteratmen, muss aber den Einsatz sofort abbrechen.

Warneinrichtung

Jedes Gerät muss mit einer geeigneten Warneinrichtung versehen sein, die anspricht, um den Geräteträger zu warnen, sobald der Flaschendruck auf einen Wert zwischen 60 und 50 bar gefallen ist.

Bei einer akustischen Warneinrichtung muss der Schalldruckpegel mind. 90 dB(A) betragen und bis herunter zum Druck von 10 bar warnen. Nach Ansprechen der Warneinrichtung muss der Geräteträger ohne Schwierigkeiten den Rest der Atemluft verbrauchen können.

Manometer und Manometerleitung

Der Pressluftatmer muss mit einem zuverlässigen Druckanzeiger ausgerüstet sein, der den Druck in der (den) Flasche(n) nach dem Öffnen des Ventils oder der Ventile anzeigt. Der Druckanzeiger muss so angebracht sein, dass der Druck vom Geräteträger ohne Schwierigkeiten abgelesen werden kann. Die Manometerleitung muss gegenüber einer rauen Beanspruchung genügend widerstandsfähig sein.

Lungenautomat

Der Lungenautomat ist eine atemgesteuerte Dosiereinrichtung, die über den gesamten Druckbereich bis zu 10 bar eine vorgeschriebene Atemluftabgabe gewährleistet. Der Lungenautomat besitzt bei Geräten ohne Überdruck einen Rundgewindeanschluss und bei Überdruckgeräten einen Gewindeanschluss M 45 x 3, einen Einheitssteckanschluss oder einen herstellerspezifischen Steckanschluss. Er ist mit einem Mitteldruckschlauch am Druckminderer angeschlossen. Die Lungenautomatenschläuche müssen dem Geräteträger freie Beweglichkeit des Kopfes erlauben.

Im Lungenautomatengehäuse befindet sich eine Membran, die über einem Hebel liegt, der die Luftzufuhr steuert. Wird durch Einatmung unter der Membran ein Unterdruck erzeugt, wölbt sich die Membran nach unten auf den Hebel und öffnet die Luftzufuhr. Ist die Einatmung beendet, gleicht sich der Unterduck wieder aus und die Membran geht in ihre Ausgangsposition zurück, in der sie den Hebel wieder freigibt. Dieser stoppt daraufhin die Luftzufuhr.

Unterscheidung Normaldruck – Überdruck

Ob ein Pressluftatmer mit Normal- oder Überdrucktechnik betrieben wird, hängt ganz allein vom Zusammenspiel der Vollmaske und des Lungenautomaten ab.

Die Verbindung zwischen Vollmaske und Lungenautomat wird auf unterschiedliche Weise hergestellt:

Normaldruck

- Rundgewindeanschluss Rd 40 nach EN 148-1:2019-05

Überdruck

- Schraubanschluss M 45 x 3 nach EN 148-1:2019-05
- Steckanschluss herstellerspezifisch
- Einheitssteckanschluss ESA nach DIN 58600:2014-12 mit Rundgewindeadapter

Obwohl der ESA eine Steckverbindung für den Lungenautomat ist, bietet er aber den Vorteil, dass ein herkömmlicher Schraubfilter für einen Filtereinsatz an den eingebauten Rundgewindeadapter angeschraubt werden kann.

Im Vergleich zur Normaldruck-Vollmaske hat die Überdruck-Vollmaske ein federbelastetes Ausatemventil, um den Abströmwiderstand der Luft in der Maske zu erhöhen. Dies führt aber auch dazu, dass der Geräteträger die Ausatemluft mit mehr Kraft aus der Maske ausatmen müsste.

Um einen dauerhaften Überdruck in der Maske zu erzeugen, muss der Lungenautomat selbstständig dosiert so viel Luft abgeben, dass der gewünschte Überdruck vom Ausatemventil gehalten wird. Würde der Lungenautomat zuviel Luft abgeben und den Druck zu stark erhöhen, würde die kostbare Atemluft dauerhaft aus dem Ausatemventil abströmen.

Die Lungenautomatenmembran gibt bei der Einatmung über das Betätigen des Hebels den Weg für die Atemluft frei. Damit dies aber auch ohne Atmung geschieht, um z. B. kleine Leckagen, aus denen Luft entweichen könnte, abzudichten, ist auch die Membran federbelastet.

Um diese Federbelastung zu unterbrechen, gibt es am Lungenautomat einen Schalter oder Knopf, der vor dem Öffnen des Flaschenventils betätigt werden muss, da sonst der Lungenautomat ständig Luft abgeben würde. Durch den ersten Atemzug des Geräteträgers, der meist etwas kräftiger getätigt werden muss, wird die Federkraft aktiviert und der Überdruck kann sich im System einstellen.

5.5.2 Handhabung des PA

5.5.2.1 Flaschenwechsel

Nach dem Gebrauch des Pressluftatmers muss die Atemluftflasche gewechselt werden.

- Flaschenventil schließen
- Luft über Betätigen des Lungenautomaten ablassen
- Flaschenspannband öffnen
- Pressluftatmer auf den Flaschenboden stellen, evtl. Rüttelsicherung und die Verschraubung zum Druckminderer lösen
- Atemluftflasche tauschen

- Pressluftatmer auf den Flaschenboden stellen und die Verschraubung zum Druckminderer und evtl. Rüttelsicherung schließen
- Flaschenspannband schließen – eventuell vorher nachspannen
- Einsatzkurzprüfung durchführen

5.5.2.2 Einsatzkurzprüfung

Die Einsatzkurzprüfung ist eine Mischung aus

– Herstellervorgabe	Hochdruckdichtprüfung, Warnsignalprüfung und
– Forderungen der FwDV 7	Notwendigkeit einer Einsatzkurzprüfung (7. Einsatzgrundsätze) Überprüfung des Flaschendrucks

Vor der Benutzung eines Atemschutzgeräts, nach einem Flaschenwechsel oder bei der Wiederherstellung der Einsatzbereitschaft ist immer eine Einsatzkurzprüfung nach folgendem Schema durchzuführen:

Prüfungen

→ Flaschendruck

Zulässiger Mindestdruck muss erreicht werden, damit das Atemschutzgerät in den Einsatz darf. Ist der Mindestdruck unterschritten, muss eine ordnungsgemäß gefüllte Flasche montiert werden.

Bei Überdruckgeräten die Federkraft deaktivieren.

- Flasche öffnen
- Blick auf Manometer
  Betriebsdruck – 10 %   200 bar = 180 bar
  300 bar = 270 bar

Abb. 5.34

- Flasche schließen

Bei Zweiflaschengeräten wird der Flaschendruck an beiden Flaschen nacheinander geprüft.

Flasche mindestens zwei bis drei Umdrehungen öffnen – zu schnell geöffnete und wieder geschlossene Flaschen können zu einer falschen Druckanzeige am Manometer führen.

→ Hochdruckdichtprüfung

Hier wird die Dichtheit des Hochdrucksystems geprüft. Leckagen können zu so großen Luftverlusten führen, dass die Atemluft nicht mehr für einen sicheren Atemschutzeinsatz ausreicht.

Wartezeit 1 Minute
Druckverlust max. 10 bar

Rüstet sich der Atemschutztrupp auf der Anfahrt im Fahrzeug aus, so kann vor dem vollständigen Ausrüsten der Flaschendruck kontrolliert und mit der Hochdruckdichtprüfung begonnen werden. Hat sich der Trupp fertig ausgerüstet, kann die Hochdruckdichtprüfung beendet und die restliche Einsatzkurzprüfung durchgeführt werden. Vor dem Einsatz geht es nicht darum, ganz genau eine Minute Wartezeit der Dichtprüfung abzuwarten, sondern darum, eine Aussage über die Dichtigkeit zu erhalten, gleichgültig, ob die Wartezeit 45 oder 90 Sekunden beträgt.

Ist der Pressluftatmer im Hochdruckbereich so undicht, dass er die Hochdruckdichtprüfung nicht besteht, so ist dies meistens daran zu erkennen, dass der Zeiger am Manometer sichtbar abfällt.

Es gibt drei wahrscheinliche Möglichkeiten für den Druckabfall bei der Hochdruckdichtprüfung:

- Es befindet sich Schmutz auf dem O-Ring am Druckminderer zwischen Flaschenventil und Druckmindereranschluss
  - Verbindung lösen, O-Ring kontrollieren und ggf. säubern
- Der O-Ring zwischen Flaschenventil und Druckmindereranschluss ist defekt
  - Verbindung lösen, O-Ring kontrollieren und ggf. anderen Pressluftatmer benutzen
- Das Flaschenventil ist undicht
  - Verbindung lösen, O-Ring kontrollieren und ggf. Flasche tauschen oder anderen Pressluftatmer benutzen

→ Funktion Lungenautomat

Es wird lediglich eine mechanische Überprüfung vorgenommen, die zeigen soll, dass der Lungenautomat Luft abgibt.

Bei Überdruckgeräten das Anschlussstück des LA mit dem Handballen abdecken.

Betätigen des Knopfes im Bereich der LA-Schutzkappe
Luft muss hörbar abströmen und das Ventil anschließend sauber schließen

Bei Überdruckgeräten langsam die angestaute Luft mit dem Handballen entweichen lassen.

➔ Warnsignal

Zur Überprüfung, ob das Warnsignal zum richtigen Zeitpunkt ertönt, muss die Luft langsam abgelassen werden.

Abb. 5.35 Warnsignal

Betätigen des Knopfes im Bereich der LA-Schutzkappe
zwischen 60 und 50 bar muss das Warnsignal sauber und laut ertönen

Einsatzbereit in Bereitstellung:
Bei Überdruckgeräten die Federkraft deaktivieren.

Flasche **ganz** aufdrehen
vor dem baldigen Einsatz (**keine** halbe Umdrehung zurück!)

oder

Einsatzbereit auf Fahrzeug oder Lager:

Atemschutzgerät ordentlich zusammenpacken und aufräumen
(☞ siehe Wiederherstellung der Einsatzbereitschaft)

Der Flaschenwechsel für dieselbe Einsatzkraft innerhalb eines Einsatzes muss nicht in der Gerätekartei des Pressluftatmers dokumentiert werden. Wird aber eine Wiederherstellung der Einsatzbereitschaft mit Tausch des Lungenautomaten nach Beendigung eines Einsatzes durchgeführt, muss dies in der Gerätekartei dokumentiert werden. Die dazu notwendigen Informationen sind dem zuständigen Atemschutzgerätewart mitzuteilen.

Einsatzkurzprüfung

Flaschendruck	aufdrehen →	ablesen	**mind. 270 bar**
Hochdruck-dichtheit	zudrehen →	1 Minute warten	
		ablesen	**max. 10 bar Druckabfall**
Funktion LA	betätigen und	LA muss sauber **öffnen und schließen**	
Warnsignal	betätigen und	bis ca. 60 bar Luft ablassen	
	→	Warnton muss zwischen **60 - 50 bar** ertönen	

Entweder:	Flasche aufdrehen	Einsatzbereitschaft hergestellt
Oder:	Druckentlastung	Gerät kann zusammengepackt und verräumt werden

Abb. 5.36

5.6 Persönliche Schutzausrüstung für den Atemschutzeinsatz

Für den Atemschutzeinsatz setzt sich die persönliche Schutzausrüstung wie folgt zusammen:

- Feuerwehrschutzkleidung nach DIN EN 469:2020-12
- Schuhe für die Feuerwehr nach DIN EN 15090:2012-04
- Schutzhandschuhe nach DIN EN 659:2021-08- Entwurf
- Feuerschutzhaube nach DIN EN 13911:2017-11
- Feuerwehrhelm nach DIN EN 443:2008-06
- Feuerwehr-Haltegurt nach DIN 14927:2018-11
- Feuerwehrleine nach DIN 14920:2020-11
- Atemschutzgerät
- (Funkgerät, evtl. Hörsprechgarnitur)

Abb. 5.37: Schutzausrüstung

Es gibt keinen fest vorgeschriebenen chronologischen Ablauf beim Ausrüsten. Einige Feuerwehren ziehen zuerst die Maske, Feuerschutzhaube, Helm und erst dann den Pressluftatmer an – andere Feuerwehren gehen umgekehrt vor.

Empfehlenswert ist eine innerhalb der Feuerwehr einheitliche Reihenfolge, um ein schnelles und sicheres Ausrüsten zu erreichen.

So könnte das Ausrüsten beispielsweise im Fahrzeug während der Anfahrt mit einem Einflaschengerät (300 bar) vorgenommen werden:

Vor dem Fahrzeug auf der Feuerwache

- Anziehen der Einsatzhose, der Stiefel sowie der Einsatzjacke (Reißverschluss halb schließen)
- Helm, Handschuhe und Feuerwehr-Haltegurt mit aufs Fahrzeug nehmen
- Aufsitzen

Im Fahrzeug

- Öffnen des Flaschenventils, Druck am Manometer ablesen – **Druck ≥ 270 bar**

Abb. 5.38: Öffnen des Flaschenventils

- Schließen des Flaschenventils – Start Hochdruckdichtprüfung
- Anlegen des Feuerwehr-Haltegurts
- Anlegen des Funkgeräts – Sprechprobe
- Anlegen der Vollmaske – Maskendichtprobe

Abb. 5.39: Anlegen von Maske und Feuerschutzaube

- Überziehen der Feuerschutzhaube derart, dass Kopf, Gesicht, Hals und Nacken bestmöglich abgedeckt sind
- Schließen der Jacke (evtl. Aktivierung des Notreißverschlusses) und des Kragens
- Begurtung des Pressluftatmers anlegen (PA verbleibt in der Halterung bis zum Stillstand des Fahrzeugs)
- Ablesen des Drucks am Manometer – Startdruck:10 bar
  Ende Hochdruckdichtprüfung
- Luft mit Hilfe des Spülknopfes über den Lungenautomaten langsam ablassen bis Warnsignal ertönt – dies muss zwischen 60 und 50 bar erfolgen
- Atemluftflasche **bis zum Anschlag aufdrehen** PA einsatzbereit!

Abb. 5.40 Maskendichtprobe

Wird die Atemschutzüberwachung im Mannschaftsraum mitgeführt, kann je nach Anfahrtszeit die namentliche Registrierung mit Druck und Funkrufnamen bereits durchgeführt werden.

Abb. 5.41

Abb. 5.41 und 5.42: Atemschutzüberwachung

- Helm aufsetzen und dessen Bänderung schließen
- Maskendichtprobe
- Mitnahme einer Feuerwehrleine

Abb. 5.43: Mitnahme Feuerwehrleine

Vor dem Fahrzeug an der Einsatzstelle

- Evtl. Nachziehen der Bebänderung
- Anlegen der Feuerwehrleine (wenn sie nicht schon im Fahrzeug angelegt oder dauerhaft am PA mitgeführt wird).

5.7 Atemschutzeinsatz

Für den Einsatz unter Atemschutz legt die FwDV 7 im Kapitel 7 Einsatzgrundsätze fest.

5.7.1 Einsatzgrundsätze

5.7.1.1 Allgemeine Einsatzgrundsätze

- Jeder Atemschutzgeräteträger ist für seine Sicherheit eigenverantwortlich.
- Atemschutzgeräte sind außerhalb des Gefahrenbereiches an- und abzulegen.
  - Der Lungenautomat wird an der Rauchgrenze angeschlossen und dies der Atemschutzüberwachung gemeldet.
- Vor dem Einsatz muss eine Einsatzkurzprüfung durchgeführt werden.
  - Die Einsatzkurzprüfung ist immer vollständig durchzuführen, gleichgültig ob eine Wiederherstellung der Einsatzbereitschaft oder ein Atemschutzeinsatz durchgeführt wird (☞ siehe Punkt 4.5 „Pflege und Instandhaltung von Atemschutzgeräten" und 5.5.2 „Handhabung des PA").
- Zwischen zwei Atemschutzeinsätzen ist eine Ruhepause einzulegen.
  - Die Ruhepause sollte gleich der Einsatzzeit betragen.
- Der Flüssigkeitsverlust der Einsatzkräfte ist durch geeignete Getränke auszugleichen.
  - Vor und während der Einnahme von Speisen und Getränken ist die Hygiene zu beachten.
  - Geeignete Getränke sind Wasser oder Apfelschorle.
- Einsatzstellenhygiene heißt z. B. Hände vor der Nahrungsaufnahme waschen, Kleidungstausch usw.

5.7.1.2 Einsatzgrundsätze beim Tragen von Isoliergeräten

➜ Unter Atemschutzgeräten wird immer truppweise (ein Truppführer und mindestens ein Truppmann) vorgegangen.

- Erweiterung des Angriffstrupps z. B. zur Führung einer Wärmebildkamera, Sicherheitstrupp, Absuchen von großen Räumen/Flächen usw. ist möglich.

➜ Die Einsatzkräfte innerhalb eines Trupps unterstützen sich insbesondere beim Anschließen des Atemanschlusses und kontrollieren gegenseitig den sicheren Sitz der Atemschutzgeräte sowie die richtige Lage der Anschlussleitungen und der Begurtung.

- Gegenseitige Kontrolle vor dem Einsatz.

➜ Der Trupp bleibt im Einsatz eine Einheit und tritt auch gemeinsam den Rückweg an. Vom Grundsatz des truppweisen Vorgehens darf nur bei besonderen Lagen, beispielsweise beim Einstieg in Behälter und in enge Schächte, unter Beachtung zusätzlicher Sicherungsmaßnahmen abgewichen werden. Innerhalb eines Trupps sollen in der Regel gleiche Atemschutzgerätetypen verwendet werden.

- Werden z. B. innerhalb eines Trupps 200-bar- und 300-bar-Geräte eingesetzt, ist der Druckvergleich nicht möglich.

➜ An jeder Einsatzstelle muss für die eingesetzten Atemschutztrupps mindestens ein Sicherheitstrupp (Mindeststärke: 0/2/2) zum Einsatz bereitstehen. Je nach Risiko und personeller Stärke des eingesetzten Atemschutztrupps wird die Stärke des Sicherheitstrupps erhöht. Dies gilt insbesondere bei Einsätzen in ausgedehnten Objekten, beispielsweise in Tunnelanlagen und in Tiefgaragen. Der Sicherheitstrupp muss ein entsprechend der zu erwartenden Notfalllage geeignetes Atemschutzgerät tragen.

- Der Sicherheitstrupp hat mindestens Atemschutz mit demselben Schutzumfang zu tragen. Geht beispielsweise ein Trupp unter PA-Lang vor, so trägt der Sicherheitstrupp mindestens auch PA-Lang.

➜ An Einsatzstellen, an denen eine Gefährdung von Atemschutztrupps weitestgehend auszuschließen oder die Rettung durch einen Sicherheitstrupp auch ohne Atemschutz möglich ist, beispielsweise bei Brandeinsätzen im Freien, kann auf die Bereitstellung von Sicherheitstrupps verzichtet werden.

- „Übersichtliche Einsatzstellen"

➜ Gehen Atemschutztrupps über verschiedene Angriffswege in von außen nicht einsehbare Bereiche vor, soll für **jeden** dieser Angriffswege mindestens ein Sicherheitstrupp zum Einsatz bereitstehen. Die Anzahl der Sicherheitstrupps richtet sich nach der Beurteilung der Lage durch den Einsatzleiter.

➜ Jeder Atemschutzgeräteträger des Sicherheitstrupps muss ein Atemschutzgerät mit Atemanschluss angelegt, die Einsatzkurzprüfung durchgeführt sowie nach Lage weitere Hilfsmittel (zum Beispiel Rettungstuch) zum sofortigen Einsatz bereitgelegt haben. Es kann angeordnet werden, dass der Atemanschluss noch nicht angelegt, sondern nur griffbereit ist.

- Beispielsweise kann es je nach Lage sinnvoll sein, für den Sicherheitstrupp einen freien Verteilerabgang und eine Angriffsleitung bereit zu stellen.

➜ Werden die Atemschutzgeräte auf der Anfahrt im Mannschaftsraum angelegt, darf die Gerätearretierung erst nach Stillstand des Feuerwehrfahrzeuges an der Einsatzstelle gelöst werden.

➜ Atemschutzgeräte mit Druckbehälter, die bei Einsatzbeginn weniger als 90 Prozent des Nenn-Fülldruckes anzeigen, sind grundsätzlich **nicht** einsatzbereit.

- Bei 300-bar-Technik: Fülldruck mindestens 270 bar
- Bei 200-bar-Technik: Fülldruck mindestens 280 bar

➜ Der Truppführer muss vor und während des Einsatzes die Einsatzbereitschaft des Trupps überwachen, insbesondere den Behälterdruck kontrollieren.

- Druckvergleich innerhalb des Trupps, niedrigster Druck im Trupp ist ausschlaggebend

- Für den Rückweg ist in der Regel die doppelte Atemluftmenge wie für den Hinweg einzuplanen.

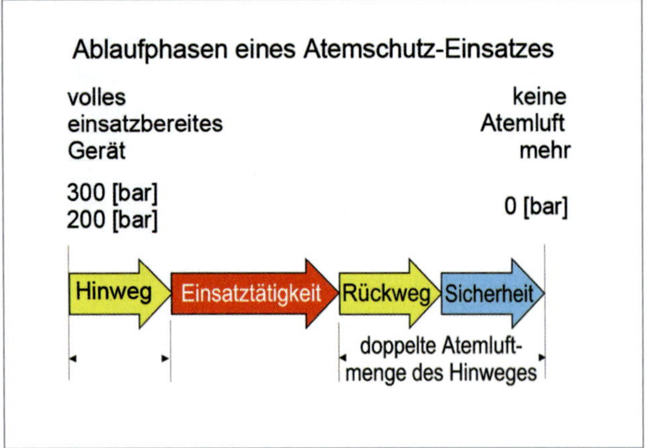

Abb. 5.44

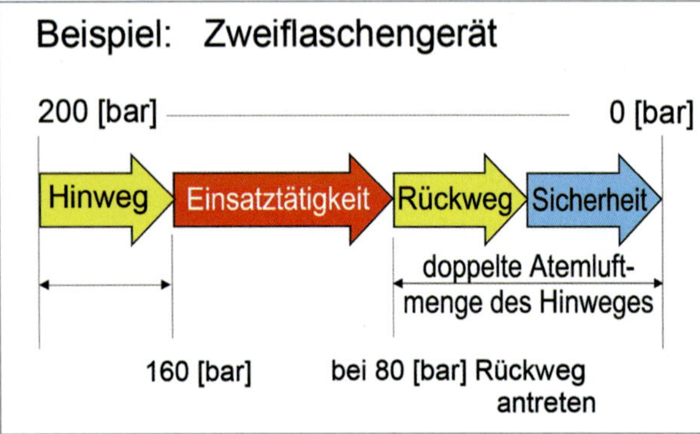

Abb. 5.45

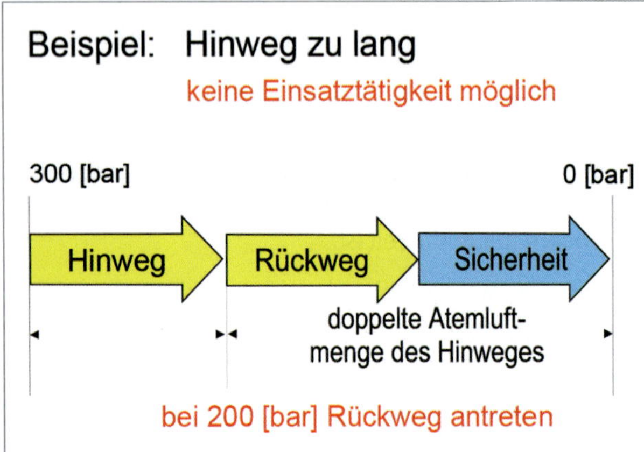

Abb. 5.46

- Die Einsatzdauer eines Atemschutztrupps richtet sich nach derjenigen Einsatzkraft innerhalb des Trupps, deren Atemluftverbrauch am größten ist.
  - Niedrigster Druck im Trupp!
- Jeder Atemschutztrupp muss grundsätzlich mit einem Handsprechfunkgerät ausgestattet sein. An Einsatzstellen, an denen eine Atemschutzüberwachung nicht durchgeführt wird, kann auf die Verwendung von Handsprechfunkgeräten verzichtet werden.
- Nach Anschluss des Atemanschlusses an das Luftversorgungssystem, bei Erreichen des Einsatzzieles und bei Antritt des Rückweges muss sich der Atemschutztrupp über Funk bei der Atemschutzüberwachung melden. Weitere Meldungen sollen lagebedingt abgegeben werden.
  - Anschluss LA, Ziel erreicht und Rückweg sind der Atemschutzüberwachung zu melden.
- Die Erreichbarkeit der vorgehenden Trupps ist wegen der begrenzten Reichweite von Sprechfunkgeräten zu überprüfen und sicherzustellen. Bricht die Funkverbindung ab, muss der Sicherheitstrupp so weit vorgehen, bis wieder eine Sprechfunkverbindung besteht oder er den Atemschutztrupp erreicht hat. Es ist sofort ein neuer Sicherheitstrupp bereitzustellen.
- Hat der vorgehende Trupp keine Schlauchleitung vorgenommen, so ist das Auffinden des Rückweges beziehungsweise des vorgegangenen Trupps auf andere Weise sicherzustellen (beispielsweise durch eine Feuerwehrleine oder durch ein Leinensicherungssystem). Eine Funkverbindung oder die Verwendung einer Wärmebildkamera ist kein geeignetes Mittel zur Sicherung des Rückweges.
- Falls mit einem Atemschutzgerät ein Unfall passiert, ist der Öffnungszustand des Ventils zu kennzeichnen und schriftlich festzuhalten (auch Anzahl der Umdrehungen bis zum Schließen des Ventils). Der Behälterdruck ist ebenfalls schriftlich festzuhalten. Das Atemschutzgerät (einschließlich des Atemanschlusses) ist sicherzustellen. Unfälle oder Beinaheunfälle sind dem Leiter der Feuerwehr zu melden.

Nach der Erteilung des Einsatzbefehles zum Innenangriff sind bei der Vornahme von Schlauchleitungen vom Angriffstrupp folgende Tätigkeiten auszuführen:

- Ausrüsten mit Atemschutz (falls noch nicht auf der Anfahrt erfolgt)
- Verlegen der Angriffsleitung bis zum Gebäudeeingang
- Einschätzung der erforderlichen Schlauchreserve (soweit vom GF nichts anderes vorgegeben wird)
- Verlegung der Schlauchleitung bis zur Rauchgrenze. Hier wird die benötigte Schlauchreserve ausgelegt, der Lungenautomat angeschlossen und Wasser auf das Rohr gegeben. Meldung an die Atemschutzüberwachung.
- Weiteres Vorgehen bis zum befohlenen Einsatzort. Dort Meldung an die Atemschutzüberwachung und Durchführung des Einsatzbefehls.

Merke

Als Grundlage, die je nach örtlichen Bedingungen angepasst werden muss, dient folgende Regel für die Anzahl der durch den Angriffstrupp vorzunehmenden Schläuche:

Verteiler bis zum Gebäude	1 C-Schlauch
Pro Geschoss im Gebäude	1 C-Schlauch
Schlauchreserve für das Vorgehen z. B. ab Wohnungstür	1 C-Schlauch

5.7.1.3 Atemschutznachweis

FwDV 7 führt unter 9.1 „Atemschutznachweis“ Folgendes aus:

Jede Einsatzkraft muss einen persönlichen Atemschutznachweis führen; der Atemschutznachweis kann auch zentral geführt werden. In ihm werden die Untersuchungstermine nach G 26, absolvierte Aus- und Fortbildung und die Unterweisungen sowie die Einsätze unter Atemschutz dokumentiert. Der Leiter der Feuerwehr oder eine beauftragte Person bestätigt die Richtigkeit der Angaben.

Folgende Angaben sind in den Atemschutznachweis mindestens aufzunehmen:

- Datum und Einsatzort
- Art des Gerätes
- Atemschutzeinsatzzeit (Minuten)
- Tätigkeit

Führt jeder einzelne Atemschutzgeräteträger einen persönlichen Atemschutznachweis, so kann er seiner Eigenverantwortung z.B. bei der Überwachung der Untersuchungstermine oder bei der Einhaltung der Fristen für die Belastungs- und Einsatzübung besser nachkommen.

Wechselt der Feuerwehrangehörige die Feuerwehr, so sind alle Daten sofort vorhanden.

Der Atemschutznachweis kann beispielsweise auf selbst gestalteten Formularen, auf Datenträger oder auch in einem „Atemschutzpass“ stattfinden, der beispielsweise über Atemschutzgerätehersteller zu beziehen ist oder im Internet kostenfrei zum allgemeinen Gebrauch zur Verfügung steht.

5.7.2 Einschätzen von Gebäuden

Um schnell und effektiv den Einsatzauftrag durchführen zu können und als Hilfestellung bei der Orientierung im Gebäude, sollte sich der vorgehende Trupp einen kurzen Überblick über die abzusuchende Nutzungseinheit verschaffen und folgende Fragen beantworten:

- Um was für eine Nutzungseinheit handelt es sich?
- Können je nach Nutzungseinheit spezielle Gefahren auf den Atemschutztrupp warten, wie z.B. in Kfz-Werkstätten Gruben oder autogene Schweißgeräte?
- Wie groß sind die zu erwartenden Räumlichkeiten (Wohnung, Büro, Produktionsanlage)?
- Sind von außen Hinweise auf die Grundrisseinteilung zu erkennen? (Bilder an den Fenstern, milchige Scheiben, Größe und Anordnung der Fenster, Lage des Treppenraums, Garagentore usw.)
- In welchem Geschoss befinden sich die abzusuchenden Räumlichkeiten?
- Werden Personen vermisst (Hinweis vom Gruppenführer)?
- Gibt es Hinweise auf den Aufenthaltsort von Personen (z.B. im Kinder- oder Schlafzimmer)?

Abb. 5.47

5.7.3 Verlegen von Schlauchleitungen

Jeder von uns kennt die Bilder von Einsatzstellen, auf denen ein Chaos bei der Verlegung von Schläuchen zu sehen ist. Es ist nicht mehr nachvollziehbar, welcher Schlauch zu welchem Fahrzeug, Verteiler, Trupp oder Eingang führt. Das Nachziehen eines Schlauches ist aufgrund des Gewichtes der anderen Schläuche nicht mehr möglich. Stellungswechsel mit einem Schlauch sind aus dem gleichen Grunde aussichtslos.

Vorgehen bei rauchfreiem Treppenraum (Rauchgrenze Wohnungstür)

Abb. 5.48

Ein erfolgreicher Innenangriff beginnt bereits beim Verlegen der Angriffsleitung. Ist der Treppenraum rauchfrei, so kann der Trupp den ersten Schlauch des Schlauchtragekorbs am Verteiler anschließen und bis zur Rauchgrenze im Treppenraum vorgehen. Die leere Schlauchleitung läuft dabei von alleine aus dem Tragekorb.

Im Treppenraum kann der Schlauch schlauchsparend entweder durch das Treppenauge (sofern vorhanden) geführt werden oder auf den Stufen bis zur Rauchgrenze verlegt werden.

Abb. 5.49

Dort kann in Abhängigkeit vom Platz beispielsweise vor der Wohnungstür die Schlauchreserve verlegt werden. Gezeigt hat sich auch, dass die einmal bereit gelegte Schlauchreserve beispielsweise vor einer Wohnung nicht unbedingt dort liegen bleibt, sondern unter Umständen die Treppe wieder hinunter wandert, wenn der Schlauch nicht an einer geeigneten Stelle mit einem Schlauchhalter gesichert wird (Abb. 5.50 bis 5.51). Dies geschieht insbesondere beim Öffnen und Schließen des Strahlrohrs.

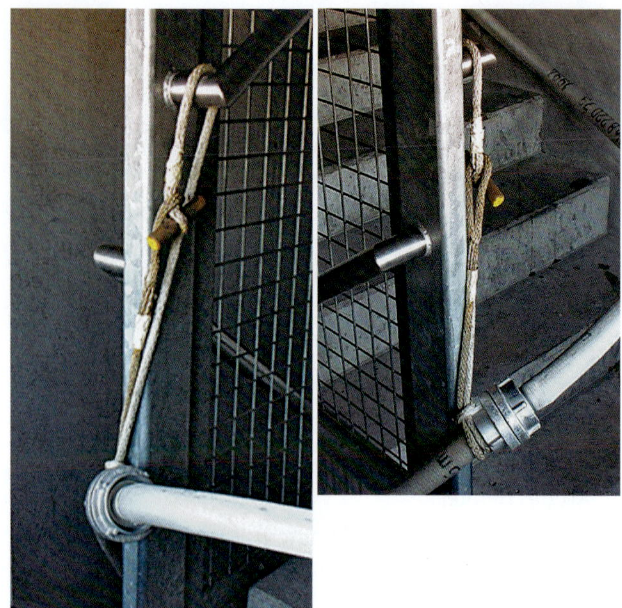

Abb 5.50 und 5.51: Schlauchbefestigung mit Schlauchhalter

Hilfreich ist das Verlegen der Schlauchreserve auf die weiter nach oben führende Treppe am Brandgeschoss vorbei. Dadurch bildet die Schlauchreserve zum einen keine Stolperfalle, zum anderen lässt sich ein so verlegter Schlauch viel leichter in den abzusuchenden Bereich nachziehen, weil das Schlauchgewicht selbst den Schlauch nachschiebt. Der Schlauch läuft beim Betreten und Absuchen der Nutzungseinheit einfacher hinterher. Um das Verhaken der Kupplung an den Treppenstufen zu vermeiden, sollten die Kupplungen der Schlauchreserve auf dem Treppenpodest des abzusuchenden Geschosses liegen.

Abb. 5.52

Vorgehen bei verrauchtem Treppenraum (Rauchgrenze an Haustür)

Hierbei ist darauf zu achten, dass die Leitung in Buchten vor dem Gebäudezugang ausgelegt wird (Abb. 5.53 bis 5.56). Das Nachziehen von so verlegten Schlauchleitungen ins Gebäude wird dadurch sehr erleichtert. Dabei sollten die Schlauchleitungen immer an den Kupplungen nachgezogen werden, um ein Verhaken und Beschädigungen an den Kupplungen zu vermeiden. Aus Gründen der besseren Handhabbarkeit und des geringeren Gewichtes ist beim Innenangriff die Verwendung von Schläuchen der Größe C42 sinnvoll.

Abb. 5.53 bis 5.56: Verlegen der Schlauchreserve, Rauchgrenze Haustür

Abb. 5.53

Abb. 5.54

Abb. 5.55

Abb. 5.56

Nachziehen von Schlauchreserve bei gefüllter Schlauchleitung (Treppenraum verraucht)

Innerhalb von Gebäuden bereitet das Verlegen von Schlauchleitungen bei Verrauchung über mehrere Geschosse erhebliche Probleme, insbesondere dann, wenn die Schlauchleitung bereits gefüllt ist und der Trupp auf sich allein gestellt ist. Zur Mitführung einer Schlauchreserve gibt es verschiedene Vorgehensweisen. Die sogenannten „Loops" können je nach Kreisgröße so 4–5 Meter Schlauchreserve ohne großen Kraftaufwand zügig über mehrere Geschosse transportieren Loops übereinander gestapelt oder hochkant an die Wand gestellt erleichtern das Arbeiten von einer Stelle mit Schlauchreserve ungemein. Es ist lediglich darauf zu achten, dass die weiterführende Leitung entweder oben auf oder weg von der Wand liegt. Darüber hinaus ist diese Verlegeart weitaus schonender für die Schläuche (Abb. 5.57 bis 5.60).

Abb. 5.57 bis 5.60: Mitführen einer Schlauchreserve bei Verrauchung

Ebenso ist es möglich, die gefüllte Leitung an den Kupplungen zu greifen und auf diese Art die Buchten ins Gebäude zu ziehen.

Abb 5.61

5.7.4 Öffnen von Brandraumtüren

Das eigentliche Öffnen von Türen kann große Probleme bereiten. Sicherheitsschlösser erlauben es nicht mehr ohne weiteres, Türen einzutreten. Auch das Ansetzen von Brechwerkzeug führt nicht immer zum Erfolg. Wenn alle herkömmlichen Öffnungsvarianten keinen Erfolg mehr versprechen, hilft nur noch schweres Werkzeug. Beispielsweise kann mittels Motorsäge der Schlossbereich ausgesägt werden. Metalltüren können mit Trennschleifern geöffnet werden. Da diese Öffnungsmöglichkeiten häufig zeitintensiv sind, sollten alternative Angriffsmöglichkeiten gesucht werden. Denkbar ist der Einstieg über ein Fenster oder einen Balkon.

Ist eine Tür schließlich zu öffnen, müssen Anzeichen für eine möglicherweise bevorstehende schnelle Brandausbreitung (Rollover, Flashover, Backdraft, usw.) erkannt werden (☞ *siehe 5.7.11 „Brandentstehung und Brandverlauf“*). Ein Kontrollblick zur Lageerkundung durch den Truppführer bringt Aufschluss.

Ist eine Tür als Brandraumtür erkannt, ist das weitere einsatztaktische Vorgehen ggf. mit dem Einsatzleiter zu klären.

Beim Öffnen der Brandraumtür ist größte Sicherheit für den Atemschutztrupp Voraussetzung. Auf keinen Fall einfach nur schnell und unbedacht vorgehen. Wie eine Brandraumtür geöffnet wird, hängt von der jeweiligen Situation ab.

Gab es durch den Einheitsführer zum Einsatzbefehl noch ein Hinweis darauf, dass es Hinweise auf eine bevorstehende schnelle Brandausbreitung gibt, ist die Tür nach Rücksprache mit dem Einheitsführer vorsichtig zu öffnen, Rauchgase sind zu kühlen und die Tür wieder zu schließen. Dieser Vorgang ist so lange zu wiederholen, bis ein Betreten des Raumes möglich ist.

kann am besten mit Hohlstrahlrohren ausgeführt werden. Diese sind dann zum Öffnen von Brandraumtüren auf maximalen Durchfluss und Mittelstellung einzustellen. Wichtig ist, dass das Hohlstrahlrohr vor dem Öffnen der Tür entlüftet und die Strahlform richtig eingestellt ist.

Herkömmliche CM-Strahlrohre eignen sich aufgrund ihres Öffnungsmechanismus und der produzierten Tröpfchengröße weniger zur Rauchgaskühlung. In diesem Fall entfällt die oben beschriebene aggressive Vorgehensweise. Der Trupp begibt sich hinter oder neben der Tür in Stellung und öffnet die Tür aus der Deckung heraus. Mit der Entstehung von z. B. einer Rauchgasdurchzündung muss gerechnet werden.

Gibt es keinerlei Anzeichen einer bevorstehenden schnellen Brandausbreitung, ist das Vorgehen mit Rauchgaskühlung nicht anzuwenden!

Muss der Atemschutztrupp z. B. durch eine geschlossene Wohnungstür, hinter der irgendwo in der Wohnung ein Brandherd vermutet wird, hilft das Setzen eines Mobilen Rauchvorhangs MRV, um die Ausbreitung der Verrauchung in noch unverrauchte Bereiche zu minimieren und die Tür zur Wohnung dann zu öffnen. Geht die Tür zum Trupp hin auf, wird zuerst unter Vorsicht die Tür geöffnet und dann der Mobile Rauchvorhang gesetzt.

Das Hohlstrahlrohr ist nicht auf vollen Durchfluss, sondern der Lage angepasst einzustellen und zu entlüften. Truppführer und Truppmann bringen sich der Lage angepasst bestmöglich in Stellung und der Truppführer öffnet die Tür für einen Kontrollblick.

Je nach Lage kann er die Tür wieder schließen und sich mit seinem Truppführer besprechen, eine Lagemeldung an den Einheitsführer absetzen oder einfach die Tür offen lassen und mit dem Truppmann durch die Tür gehen.

Hat der Trupp mit Auftrag Brandbekämpfung den Brandherd gefunden, beginnt er mit der Brandbekämpfung. Es wird das Strahlrohr geöffnet und dem Feuer entsprechend viel Wasser auf den Brandherd gegeben. Danach wird das Strahlrohr wieder geschlossen und der Trupp beurteilt die Wirkung des Wassers.

Da hierbei auch viel Wasserdampf entsteht und dieser abströmen soll, sind so bald es geht beim Vorgehen Abluftöffnungen zu schaffen.

Beim Vorgehen unter Atemschutz und Eindringen in Räume kommt es nicht immer auf Schnelligkeit an. Der Atemschutztrupp hat so schnell vorzugehen, dass seine Sicherheit nicht gefährdet wird. Dringt der Trupp zu schnell in Richtung Brandherd vor, kann es vorkommen, dass z. B.

- die Einsatzsituation vom Trupp nicht erkannt wird
- Anzeichen einer schnellen Brandausbreitung übersehen werden
- für den Trupp zu hohe Temperaturen zu spät wahrgenommen werden
- körpereigene Signale der Überhitzung oder Erschöpfung übergangen werden und sich der Atemschutztrupp dadurch selbst in Gefahr begeben kann.

5.7.4.1 Öffnen einer Wohnungstür, hinter der es verraucht ist und ein Brand vermutet wird

Abb. 5.62: Rauchvorhang setzten

Abb. 5.63: Raumkühlung

Abb. 5.64 : Vorgehen in den Brandbereich

5.7.4.2 Fortbewegungsmöglichkeiten

Bei jeder Fortbewegung ist in erster Linie auf die Sicherheit zu achten. Die sicherste Art der Fortbewegung ist möglicherweise in jeder Einsatzsituation anders. Mal mag es richtig sein, mit den Knien auf den Boden zu gehen – in einer anderen Situation ist der Seitenkriechgang oder eine Variante des Seitenkriechgangs die beste Vorgehensweise. Der Atemschutztrupp hat vor Ort die Situation zu erkennen und zu entscheiden.

Der Seitenkriechgang ersetzt nicht in allen Lagen den bewährten Gang auf allen Vieren. Gerade bei der Suche nach Menschen ist es wichtig, schnell vorwärts zu kommen. Beim Kriechen auf allen vieren können Hände wesentlich besser das Umfeld ertasten und so ein ungefähres Bild vor dem inneren Auge entstehen lassen als ein Fuß in einem Feuerwehrstiefel.

Ist die Gefährdung des Trupps durch Feuer und Rauch stärker als die Erfolgsaussicht bei der schnellen und effektiven Suche nach Vermissten, muss der Seitenkriechgang oder eine Mischung aus beiden Vorgehensweisen angewendet werden. Auch hier gilt die Regel, dass der Trupp im Innenangriff der Einsatzlage entsprechend entscheiden muss, wie er vorgeht.

Solange ein Trupp seine Füße bei aufrechtem Gang noch sehen kann und es nicht zu heiß ist, ist eine aufrechte Gangart zulässig. Wird die Sichtweite von etwa 2 Metern unterschritten, begibt sich der Trupp auf den Boden.

Zur Fortbewegung am Boden eignen sich beispielsweise die dargestellten Vorgehensweisen.

Das Strahlrohr ist in Bereitstellung, es kann jederzeit Wasser abgegeben werden, und beim Vorgehen kann der Boden auf Stabilität untersucht werden. Vorteilhaft ist außerdem, dass der Trupp den Raum über sich besser beobachten kann und auf Anzeichen einer schnellen Brandausbreitung u. U. reagieren kann. Ob der Schlauch über der Schulter oder unter der Achsel vorgenommen wird, hängt von der jeweiligen Situation ab. Unter der Achsel gibt eine höhere Stabilität für

Abb. 5.65 und 5.66: Seitenkriechgang

Abb. 5.70: Kriechgang auf allen vieren

Abb. 5.67: Mischung aus Seitenkriechgang und auf allen vieren

den Trupp und höher liegende Brandherde können gut abgelöscht werden. Muss nach vorne oder nach unten Wasser abgegeben werden, ist die Führung des Schlauches über die Schulter empfehlenswert. Dabei ist die konsequente Unterstützung am Schlauch durch den Truppführer unabdingbar. Truppmann und Truppführer sollten mit Körperkontakt hintereinander vorgehen.

Wichtig ist, dass der Trupp in Übungen die verschiedenen Möglichkeiten trainiert, da nur so eine sichere Vorgehensweise im Einsatz möglich sein kann.

Beim Ablöschen eines Brandherdes soll nicht mehr Wasser als notwendig verwendet werden. Dies bedeutet aber nicht, dass wie bei der Rauchgaskühlung dauernd kurze Sprühstöße abgegeben werden müssen. Es kann hier das Hohlstrahlrohr ähnlich wie bei dem Vorgehen mit einem CM-Strahlrohr geöffnet und der Brand gelöscht werden. Prinzipiell muss das Hohlstrahlrohr so eingestellt und bedient werden, dass sich der jeweils gewünschte Effekt (Kühlen, Löschen, usw.) einstellt.

Beim Ablöschen mit beiden Arten von Strahlrohren gilt, dass beim Einsatz von Wasser Wasserschaden vermieden werden soll. Immer wieder sollte das Strahlrohr geschlossen und der Löscherfolg kontrolliert werden.

Es ist absolut egal, ob ein Hohlstrahlrohr mit oder ohne Griff verwendet wird. Letztendlich ist das Rohr nur so gut wie der, der es bedient. Daraus folgt, dass der Umgang mit dem in der Feuerwehr verwendeten Strahlrohr intensiv zu trainieren ist.

Beispiel

Der nach vorne gestellte Fuß ermöglicht das Absuchen im Nahbereich und das gleichzeitige Prüfen der Stabilität des Bodens. Durch das Zurückverlagern des Körpergewichtes kann das Risiko des Abstürzens bei Durchbrüchen o. Ä. vermindert werden.

Abb. 5.68: Schlauchführung

5.7.4.3 Begehen von Treppen

Auch beim Begehen von Treppen gilt die sicherste Möglichkeit als die richtige Wahl. Einige Grundregeln erleichtern die richtige Einschätzung der Einsatzsituation:

- größtmögliche Auftrittfläche nutzen, um einen sicheren Stand zu erlangen
  - bei schmalen Treppenstufen den ganzen Fuß seitlich aufsetzen
- Treppen eher auf der Wandseite als auf der Geländerseite begehen
  - meistens bietet die Wandseite mehr Stabilität
- Treppen können bei guten Sichtverhältnissen vorwärts begangen werden
  - es ist einfacher und sicherer für den Atemschutzgeräteträger, mit der Sichtfeldeinschränkung der Atemschutzmaske eine Treppe vorwärts zu begehen.

Ob eine Treppe seitlich, rückwärts oder vorwärts begangen wird, hängt von der Einsatzsituation und von der Treppe ab. Muss ein Atemschutztrupp beispielsweise bei einem Kellerbrand die Treppe hinabsteigen, kann man nicht einfach sagen, dass die Treppe immer rückwärts zu begehen ist. Geht der Trupp rückwärts die Treppe runter, kann er den entgegenkommenden Rauch nicht sehen und einschätzen. Ebenso wird ein Kühlen beim Hinabsteigen schwierig, da sich der Trupp erst rumdrehen müsste. Eine Reaktion auf eine schnelle Brandausbreitung wird nahezu unmöglich. Dieser Betrachtung kann man entgegensetzen, dass der Trupp mit dem Körperschwerpunkt nahe der Stufen – also auf der sicheren Seite – ist und ein Abstürzen nicht so leicht macht.

Massive Betontreppen können unter Umständen auch in sitzender Haltung begangen werden.

Eine Wendeltreppe, so wie sie an der Landesfeuerwehrschule im Brandübungshaus eingebaut ist, ist keine Standardtreppe. Hier gilt es folgende Überlegungen abzuwägen:

- Sind die Stufen der Wendeltreppe groß und bieten durchgehend eine sichere Auftrittfläche?
  - Nein. Die Stufen der Wendeltreppe sind zum Auge der Treppe hin sehr schmal und werden zur Geländerseite hin ein wenig breiter.

- Brennt es in dem Verkaufsraum EG, in den der Trupp über die Treppe vom 1.OG vordringen soll?
  - Ja, es brennt. Der Raum wird von dem Trupp unter Atemschutz und unter Vornahme eines Rohres betreten. Da zum einen Einrichtungsgegenstände im Raum zum anderen aber auch die Treppe selbst im unteren Bereich brennt, ist der Verkaufsraum EG aufgeheizt und die Hitze steigt über die Wendeltreppe nach oben.
- Aus welchem Material (Holz, Beton, Metall) ist die Treppe?
  - Sie ist aus Metall weshalb sie sich durch das Feuer und die Strahlungswärme aufheizt.
- Muss der Raum und die Treppe gekühlt werden?
  - Ja. Mit der Kühlung der Treppe muss von Anbeginn des Begehens begonnen werden. Eine Metalltreppe wird sich aufheizen. Der Raum muss sobald wie möglich ebenso mit Maß und Ziel gekühlt werden.

Welches ist die sicherste Begehung der Treppe?

- Vorwärts bis seitlich — sichere Standfläche auf der Außenseite der Stufen
- in leichter Hocke — da von oben nach unten gegangen wird, gekühlt und beim Betätigen des Strahlrohres ein sicherer Stand beachtet werden muss, wird hier in einer leichten Hockestellung die Treppe begangen.

Merke

Auf keinen Fall wird eine heiße Metalltreppe auf dem Hinterteil heruntergerutscht.

Für das weitere Vorgehen im Innenangriff können zwei Einsatzfälle unterschieden werden:

- Absuchen von verrauchten Räumen ohne die unmittelbare Anwesenheit von Feuer
- Absuchen von verrauchten Räumen, in denen mit einem Brand gerechnet werden muss

Diese Unterscheidung ist notwendig, da sich die Vorgehensweisen in beiden Fällen unterscheiden. Beim Fall 2 müssen die Einsatzkräfte ein höheres Maß an Eigenschutz vorsehen, als wenn sie sich allein auf die Aufgabe des Absuchens beschränken können.

5.7.5 Absuchen von Räumen

5.7.5.1 Absuchen von verrauchten Räumen ohne Feuer

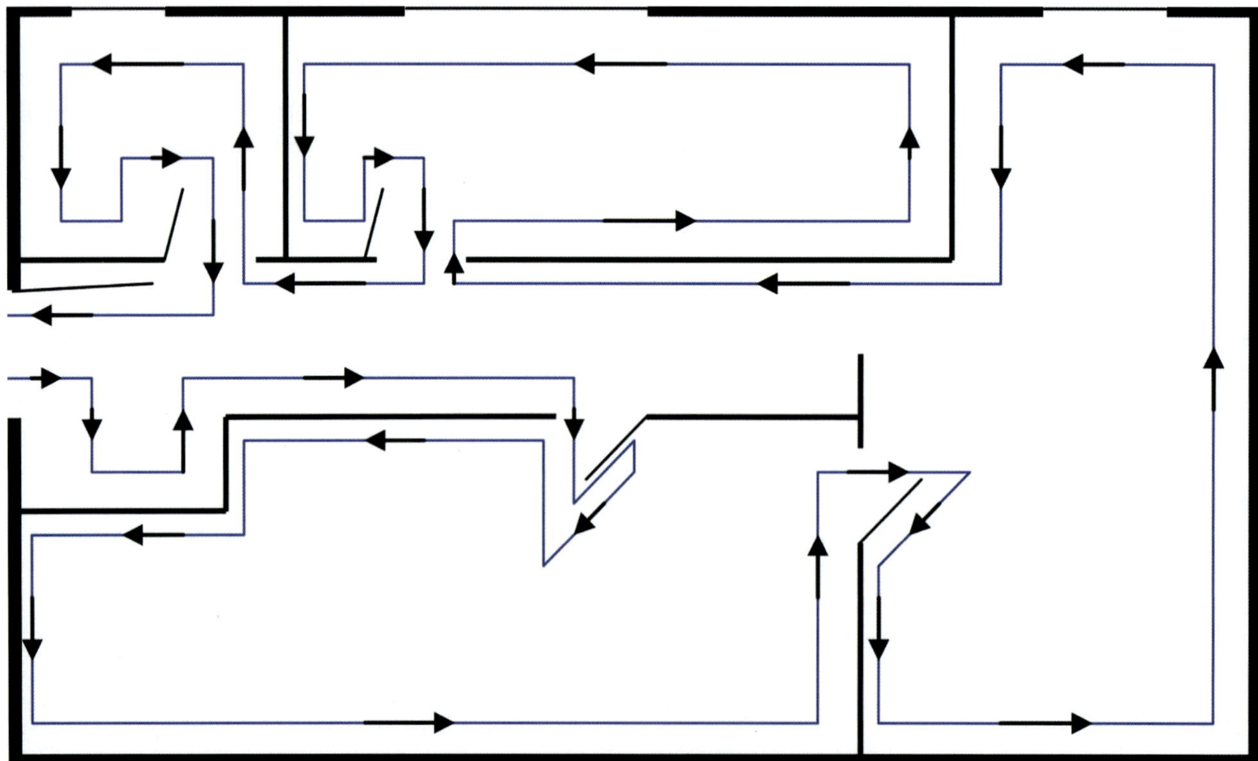

Abb. 5.69: Schematische Darstellung der Durchsuchung einer Wohnung

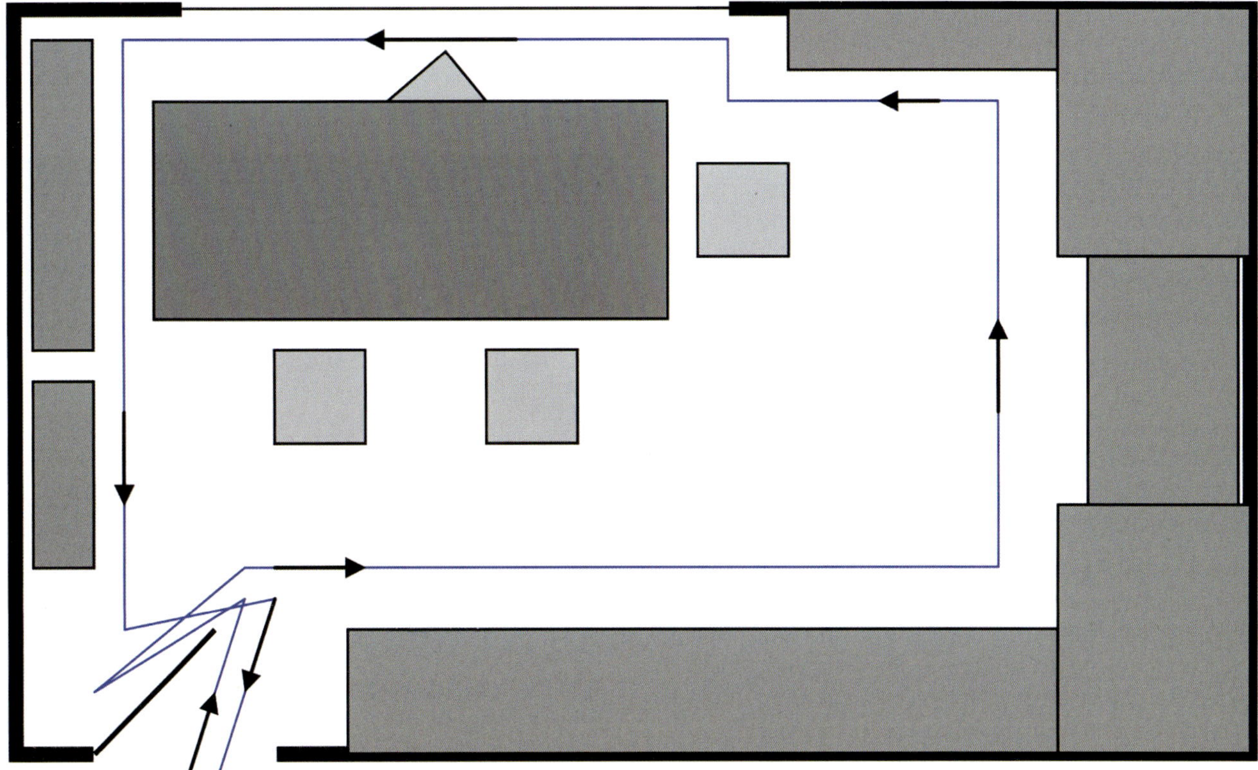
Abb. 5.70: Schematische Darstellung der Durchsuchung eines Zimmers

Ausgehend von einer vollständigen Verrauchung der oben dargestellten Nutzungseinheit ist folgende Vorgehensweise beim Absuchen denkbar:

Grundsätzlich hat das Absuchen von Räumen nach feuerwehreinheitlichen Methoden zu erfolgen, um die Suche nach Menschen schnell und gleichzeitig gründlich durchführen zu können.

Abb. 5.71

Hält sich der Trupp zu lange in einem Raum auf, sinkt die Überlebenschance für die noch nicht gefundene Person. Sucht der Trupp nicht gründlich genug ab und übersieht beispielsweise ein verstecktes Kind, hat dieses ebenfalls kaum eine Überlebenschance.

Beim Absuchen solcher Räume wird das Rohr, soweit sinnvoll zur Sicherung, mit vorgenommen.

Sind die Räumlichkeiten zu klein, zu eng oder zu vollgestellt UND die Lage erlaubt es, kann das Strahlrohr unter Umständen im Eingangsbereich mit Strahlrohrführer verbleiben. Hier kann die Feuerwehrleine - lose gehalten - als mitzuführende Rückwegsicherung benutzt werden, um den Raum effektiver absuchen zu können. Der Truppführer führt die Leine mit, wenn er den Raum betritt. Die Art und Weise des Mitführens ist nicht geregelt. Wird die Leine fest am Atemschutzgeräteträger mitgeführt, besteht die Gefahr, dass sich der Trupp darin verfängt, weshalb es zumindest keine feste Verbindung geben soll. Wird die Leine lose in der Hand mitgeführt, ist die Gefahr gegeben, dass die Rückwegssicherung aus den Händen gleitet. Innerhalb einer Feuerwehr sollte geregelt sein, wie dieses Vorgehen in entsprechenden Situationen zu handhaben und zu trainieren ist.

Der Trupp betritt den abzusuchenden Bereich, ruft in die Nutzungseinheit hinein und unterbindet kurzzeitig die Atemgeräusche des Pressluftatmers, um eventuelle Rufe oder Geräusche der vermissten Person zu lokalisieren.

Werden Geräusche wahrgenommen, so entfällt die systematische Suche. Der Trupp orientiert sich nach seinem Gehör und versucht die Person auf kürzestem Wege zu erreichen. Dabei ruft er immer wieder, um sich weiter zu orientieren.

Werden keine Geräusche wahrgenommen, so geht der Trupp in eine vorher festgelegte Absuchrichtung vor. Es kann sowohl rechts- als auch linksherum abgesucht werden. Wichtig ist, dass es eine einheitliche Regelung innerhalb einer Feuerwehr gibt und dass bei Abweichungen von dieser Vorgehensweise der Einsatzleiter einen entsprechenden Befehl gibt. Meistens wird sich für die Suche in rechter Richtung entschieden.

Ist beim Auftrag Menschenrettung bekannt, wo sich die Person aufhält, begibt sich der Trupp in diese Richtung. Ist z. B. nicht bekannt, wo sich die Person befindet, kann der erste Trupp in die eine und der zweite Trupp in die andere Richtung absuchen. Gibt der Einheitsführer beim Einsatzbefehl eine Suchrichtung vor, ist diese einzuhalten.

Der Truppführer begibt sich an die rechts vom Eingang befindliche Wand. Er ist für die Orientierung und das Absuchen im Wandbereich zuständig. Er hält ständigen Kontakt zur Wand und legt das jeweils weitere Vorgehen fest. Er öffnet Fenster zur Belüftung der Räume, gibt Lagemeldungen und lässt Druckkontrollen durchführen.

In verrauchten Räumen werden zunächst sämtliche Fenster geöffnet, um die Sichtbehinderung möglichst rasch zu reduzieren. Erst wenn bekannt ist, dass eine Überdruckbelüftungsmöglichkeit geschaffen ist, können Fenster wieder geschlossen werden, um einen gerichteten Luftstrom und damit eine systematische Entrauchung des Gebäudes zu erzielen.

Der Truppmann sucht zunächst die Umgebung im Eingangsbereich und hinter der Tür ab (auch nach links) und folgt dann dem Truppführer nach rechts. Um einen möglichst breiten Streifen absuchen zu können, begibt sich der Truppmann **neben** den Truppführer und geht **parallel** mit dem Truppführer vor.

In den Abbildungen 5.73 und 5.74 ist die schematische Vorgehensweise bei der Durchsuchung von Wohnungen, Räumen oder Bereichen dargestellt.

Nicht dargestellt sind Möbel und sonstige Einrichtungsgegenstände. Schematisch ist die Darstellung deshalb, weil mit Möbeln nicht so einfach unter Vornahme eines Rohres durch eine Wohnung oder einen Raum gegangen werden kann, da die Möbel einfach im Weg sind. Aus diesem Grund kann auch nicht immer mit der Hand an der Wand entlang gegangen werden.

Der Trupp kann in entsprechenden Einsatzsituationen eine lose Verbindung mit Hilfe des Feuerwehr-Haltegurts herstellen, so dass sich der Trupp nicht verlieren kann. Hierzu kann sich ein Truppmitglied an der Gurtschlaufe des anderen festhalten. Ebenso kann der Trupp in loser Verbindung mit einer Schlinge oder einem Bindestrang den Absuchradius und die Bewegungsfreiheit vergrößern.

Eine feste Verbindung kann eine Gefahr für den Trupp werden. Bei Absturz, beispielsweise durch eine beschädigte Decke, kann der gesamte Trupp mitgerissen werden. Käme ein Truppmitglied in eine Notlage, z. B. Steckenbleiben oder Bewusstlosigkeit, wäre die Bewegungsfreiheit des verbliebenen Trupps stark eingeschränkt. Bevor Hilfe geleistet werden könnte, müsste der Trupp zuerst die Verbindung zum Verunfallten lösen. Beim Absuchen besteht zudem die Gefahr, dass der unmittelbare Kontakt im Trupp verloren geht oder die feste Verbindung an Hindernissen hängen bleibt.

In der in Abb. 5.72 dargestellten Sitzposition kann sich der Atemschutzgeräteträger einen guten Überblick verschaffen und auch unter Einrichtungsgegenständen absuchen. Die mitgeführte Wärmebildkamera hilft bei der Orientierung und kann zum schnelleren Auffinden von Menschen, Brandherden, Türen und Fenstern führen.

Abb. 5.72: Sitzposition beim Absuchen

Der Atemschutzgeräteträger versucht, sich ein Bild vom abzusuchenden Raum zu machen, indem er sich markante Punkte (Bett, Sofa, Sessel, Schrank, Fußbodenbeläge, Heizkörper, Fenster, Türen, Ausrüstungsgegenstand) und die Abstände der Raumecken merkt.

Besonders hervorzuheben ist eine gründliche Suche: in/unter Betten (Hochbetten), in Schränken, hinter Möbeln, da sich Kinder vor dieser neuen Situation (Brand, Rauch, Atemgeräusche des Pressluftatmers) fürchten, und versuchen, sich zu verstecken.

Auf diese Weise durchsucht der Trupp die gesamte Nutzungseinheit. Erreicht der Trupp eine weitere Tür, behält er die zuvor gewählte Orientierungsrichtung bei. Er öffnet die Tür und sucht im nächsten Raum nach der gleichen Vorgehensweise weiter. Möglicherweise bleibt dabei ein Teil des gerade abgesuchten Raumes zunächst nicht abgesucht. Dieser Bereich wird beim weiteren Vorgehen automatisch erreicht.

Abb. 5.73: Absuchen in aufrechter Position bei ausreichenden Sichtverhältnissen

Möbelstücke werden nur dann verrutscht, wenn es für die weitere Suche unbedingt erforderlich ist. Durch das Verstellen von Möbeln besteht die Gefahr, sich selbst den Rückweg zu verbauen, Möbel auf der Leine abzustellen oder andere noch abzusuchende Flächen zu blockieren. Auch gingen markante Punkte für die Orientierung verloren.

Ist die Nutzungseinheit nicht vollständig verraucht, die Temperatur nicht zu hoch und der Trupp kann stehend noch seine Stiefel sehen, kann der Trupp in aufrechter Weise vorgehen (Abb. 5.73).

Fächerförmige Suche

Bei großen Räumen ist es denkbar, dass ein Bereich in der Raummitte nicht abgesucht bleibt, weil die Reichweite von Arm, Fuß oder Axt nicht ausreicht. Der Truppführer muss dies anhand der zurückgelegten Strecken erkennen und gegebenenfalls eine detaillierte Suche in der Raummitte veranlassen. Hierfür kann nach folgendem Schema vorgegangen werden:

Der Truppführer begibt sich in die erste Raumecke (1). Der Truppmann folgt und verbindet sich mit der Feuerwehrleine des Truppführers. Der Truppführer lässt ca. 1 Meter Leine aus seinem Leinenbeutel auslaufen. Die Längenabmessung kann zwischen den ausgestreckten Armen erfolgen. Der Truppführer hält die Leine fest und lässt seinen Mann im Radius von einem Meter von der einen Wand zur nächsten pendeln. Dort angelangt gibt der Truppführer einen weiteren Meter Leine frei, der Truppmann geht an der Wand weiter, bis die Leine gespannt ist und pendelt dann – jetzt im Radius von zwei Metern – zur ursprünglichen Wand zurück. Wichtig ist, dass die Feuerwehrleine dabei immer gespannt bleibt. Der Truppmann bewegt sich somit immer weiter in den Raum hinein (2), alle Bereiche werden systematisch abgesucht.

Werden Hindernisse erreicht, müssen diese umwandert werden, teilweise sogar mehrfach. Wird klar, dass Hindernisse zu oft umwandert werden müssen (Zeitverlust) oder erreicht der Truppmann eine gegenüberliegende Wand, bewegt sich der Truppführer an die nächste Raumecke (3) und beginnt mit dem Truppmann von neuem (4).

Mit der fächerförmigen Suche können auch sehr große Räume abgesucht werden. Nachteilig ist, dass Bereiche insbesondere mit größeren Einbauten mehrfach durchschritten werden, was zu einem enormen Zeitaufwand und damit zu einem Effektivitätsverlust führt.

Gibt es konkrete Hinweise auf den Aufenthaltsort einer vermissten Person (Kind im Kinderzimmer, bettlägerige Großmutter im zweiten Zimmer auf der linken Seite), so entfällt die systematische Suche nach rechts oder links. Gemäß der vorhandenen Beschreibungen, wird der angenommene Raum gesucht und **vollständig abgesucht**.

Besonders gründlich müssen die Bereiche um Türen und unterhalb von Fenstern abgesucht werden, da eingeschlossene Personen versuchen, sich vor dem Rauch in Sicherheit zu bringen oder sich bemerkbar zu machen, dann aber aufgrund der Verrauchung in diesen Bereichen bewusstlos werden. Erkundete Türen und Fenster können darüber hinaus als Fluchtweg für Trupps dienen, wenn es zu einer gefährlichen Situation kommen sollte. Wenn eine Drehleiter verfügbar ist, sollte diese vor dem abzusuchenden Gebäude so aufgestellt werden, dass der Leiterpark auf das abzusuchende Geschoss gerichtet wird, ohne einen bestimmten Punkt anzuleitern. Auf gefährliche Situationen kann dann schnell reagiert werden, gefährdete Trupps können schnell von einem Fenster abgeholt werden.

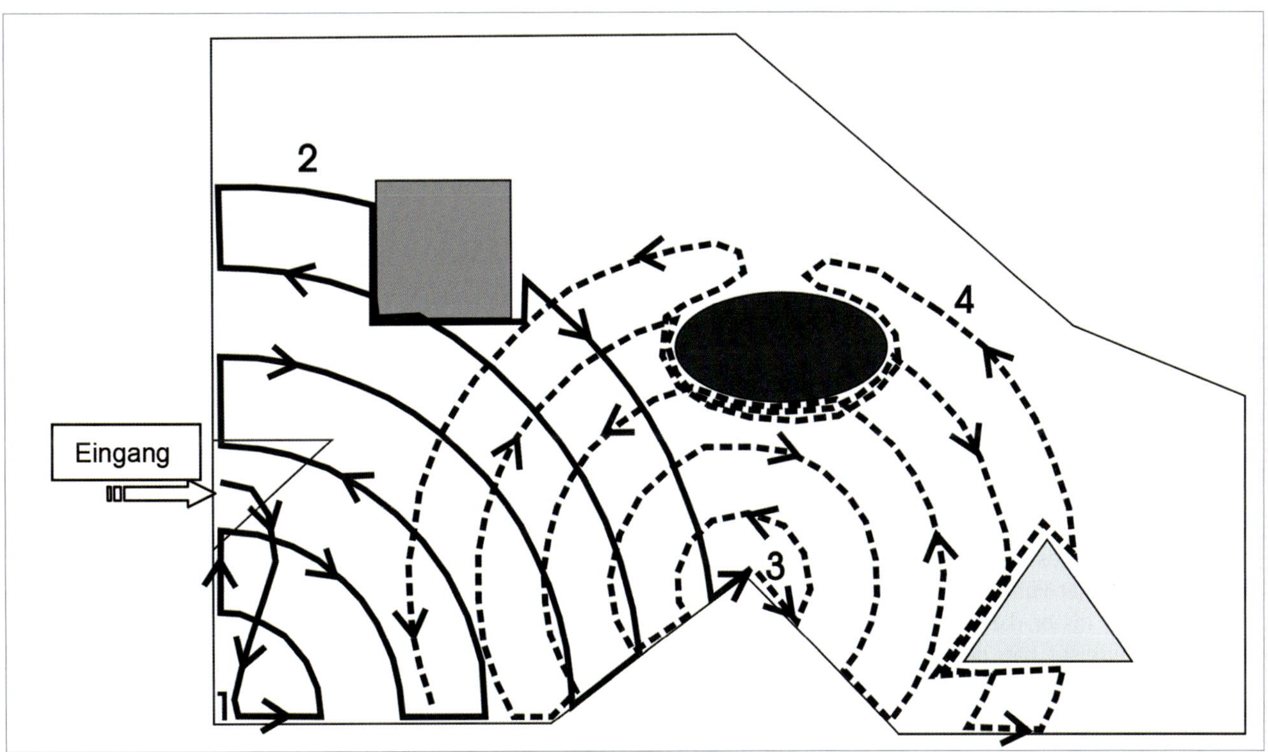

Abb. 5.74: Schematische Darstellung einer fächerförmigen Suche

5.7.5.2 Leinensysteme

Zum systematischen Absuchen ausgedehnter Bereiche eignen sich Leinensysteme, bei denen ausgehend von einer Führungsleine mit Hilfe so genannter persönlicher Leinen gesucht wird. Diese befinden sich auf einem automatischen Aufrollmechanismus, der die persönliche Leine immer in einem gespannten Zustand zur Führungsleine oder zum Truppmann hält. Die persönlichen Leinen eignen sich für jede Suche. Sie dienen als Verbindungsmöglichkeit innerhalb des Trupps und erlauben es, sich bis zu sechs Meter voneinander zu entfernen, ohne den Kontakt zur Führungsleine oder zum Truppführer zu verlieren. Somit können beispielsweise auch sehr enge Bereiche nur von einem Truppangehörigen abgesucht werden, ohne dass sich der Trupp gänzlich voneinander trennen muss.

Eine Führungsleine ist zwischen 60 und 100 Meter lang und wird vom Truppführer in einem Beutel mitgeführt. Sie ist dünner als eine Feuerwehrleine und in regelmäßigen Abständen mit Knoten oder Fäden versehen (Abb. 5.75). Die Führungsleine wird bei der Vornahme in regelmäßigen Abständen (ca. alle 5 Meter) an einem geeigneten feststehenden Gegenstand (Heizkörper, Geländer, Maschine) befestigt.

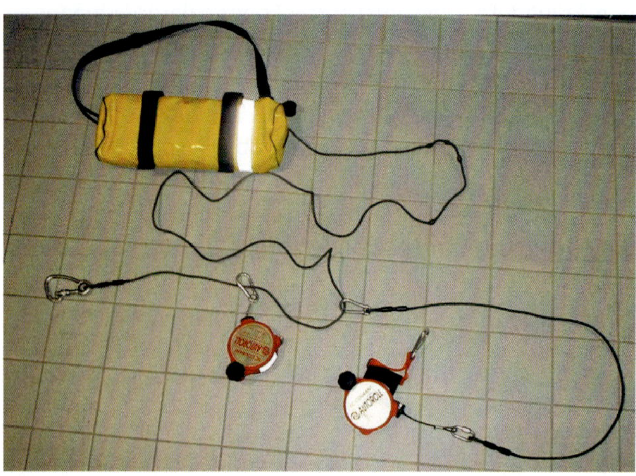

Abb. 5.75: Leinensuchsystem mit Führungsleine

Zum Anknoten der Führungsleine werden die Handschuhe häufig ausgezogen. Dies geht natürlich nur, wenn es die Umgebungstemperatur zulässt und die Handschuhe beim Ausziehen das Innenfutter auch im Handschuh behalten. Um das Wiedereinsteigen in die Handschuhe zu erleichtern, sollten diese vor dem Atemschutzgeräteträger abgelegt werden: rechter Handschuh rechts, linker Handschuh links. Somit findet der Truppangehörige einfacher den richtigen Handschuh für die richtige Hand und muss bei stärkerer Verrauchung nicht anfangen, nach seinen Handschuhen zu suchen.

Der nachfolgende Trupp klinkt sich mit seinen persönlichen Leinen mit Hilfe eines Karabiners in die Führungsleine ein. Ausgehend von der Führungsleine bewegt sich der Trupp zur Raummitte, bis er die volle Auszuglänge der persönlichen Leine erreicht hat, geht zurück zur Führungsleine, geht ca. 1,50 Meter weiter an der Führungsleine entlang und geht wieder zur Raummitte. Die Knoten (Fäden) an der Führungsleine ermöglichen es dem Atemschutzgeräteträger, die Fortbewegungsrichtung zu erkennen: Ein einzelner Knoten (Fäden) gefolgt von drei Knoten (Fäden) zeigt die Bewegungsrichtung in die Einsatzstelle hinein, umgekehrt aus der Einsatzstelle heraus Richtung Ausgang. Diese Knotenfolge wiederholt sich an der Führungsleine etwa nach allen zwei Metern. Die Knoten (Fäden) sind auch mit Handschuhen zu ertasten. Die Führungsleine selbst dient nicht als Möglichkeit zum Retten und Selbstretten. Für diese Beanspruchung ist sie nicht ausgelegt. Der Umgang mit einem Leinensuchsystem will gelernt und ständig geübt sein.

Beim Auslegen mehrerer Führungsleinen wird die Suche schnell unübersichtlich. Ein Verheddern in den Leinensystemen ist denkbar. Die Suche ist sehr zeitaufwendig und erfordert ein hohes Maß an Disziplin und Übung.

Die parallel zur Suche durchgeführte Druckbelüftung erhöht die Chancen, Personen rechtzeitig zu finden. Der Einsatz von Wärmebildkameras bringt ebenfalls Vorteile.

5.7.5.3 Absuchen von verrauchten Räumen, in denen mit einem Brandherd gerechnet werden muss

Beim Absuchen von Brandräumen kann das Strahlrohr nicht im Eingangsbereich verbleiben, sondern muss zum Eigenschutz mitgenommen werden. Problematisch ist dabei die Steifigkeit einer gefüllten Schlauchleitung. Die Vornahme der Leitung gestaltet sich zeitaufwendiger und ist körperlich höchst anstrengend. Umso wichtiger ist es deshalb, die erforderliche Schlauchreserve vor dem Eingang so auszulegen, dass das Nachziehen der Leitung so einfach wie möglich wird (☞ siehe auch Hinweise in Kapitel 3).

Verliert ein Trupp die Orientierung im Gebäude (Leine oder Schlauch), sollte er sich zunächst auf seinen Gehörsinn verlassen. Woher kommen Geräusche beispielsweise einer Feuerlöschkreiselpumpe, eines Überdrucklüfters oder von Fahrzeugmotoren? Sind andere Trupps hörbar? Gibt es einen Funkkontakt? Auf diese Weise können Fenster zur Straßenseite oder der Ausgang wieder gefunden werden. Durch eine kurze Rundumerkundung muss versucht werden, die Rückwegsicherung wieder zu finden. In keinem Fall darf sich der Trupp trennen, um scheinbar „effektiver" nach der Rückwegsicherung zu suchen.

5.7.6 Auffinden und Retten von Personen

Wird eine Person gefunden, muss diese auf dem schnellsten Weg ins Freie gebracht werden. Dabei darf der Trupp seine Eigensicherung nicht aufgeben. Deshalb muss er auch beim Rückzug an seiner Schlauchleitung oder Feuerwehrleine entlanggehen. Der Truppführer zieht die verlegte Feuerwehrleine zunächst stramm, um den Rückweg möglichst abzukürzen. Dann legt er den Leinenbeutel an der Fundstelle ab. Dies ist notwendig, um sich beim Rückmarsch nicht in der Leine zu verfangen und die Orientierung nicht zu verlieren, wenn die Leine weiter aus dem Beutel laufen würde. Außerdem wirft der Truppführer damit Ballast ab und der Fundort der Person ist provisorisch gekennzeichnet. Nachrückende Trupps erhalten eine Information, wie weit abgesucht wurde.

Der Truppmann legt sich die zu rettende Person, wie Abb. 5.76 dargestellt, zwischen die Beine. Die Knie klemmt er unter die Achseln der zu rettenden Person. Dadurch kann er die Person rückwärts ins Freie ziehen und hat dabei beide Hände frei, um Kontakt zum Truppführer bzw. zur Rückwegsicherung zu halten. Der Truppführer ist wiederum für die Orientierung zuständig und unterstützt den Truppmann gegebenenfalls. Besonders schwierig gestaltet sich die Rettung einer bewusstlosen Person aufwärts über eine Treppe. Die oben beschriebene Vorgehensweise kann auch dort angewendet werden, wenngleich eine solche Rettung einen ungeheuren Kraftaufwand erfordert.

Abb. 5.76 und 5.77: Retten einer Person

Die Rettung über Treppen muss in herkömmlicher Art und Weise mit Rettungstuch, Rettungsgriff oder nach obiger Beschreibung durchgeführt werden.

Abb. 5.78: Retten einer Person über eine Treppe

Zur Rettung eignen sich auch eine Bandschlinge (Länge ca. 2 m), die auf verschiedene Weise an der Person angebracht werden kann. In manchen Fällen steht dem Trupp auch ein Tragetuch zur Verfügung. Auch der Tragering, hergestellt aus einem Dreiecktuch, kann in vielen Situationen weiterhelfen.

Bewusstlose Personen sind so leblos und widerstandslos – ganz so, als besäßen sie keine Knochen. Es ist nicht immer so leicht, wie es auf den Bildern aussieht. Wichtig ist, in Übungen auszuprobieren, welche Methoden in welchem Fall funktionieren und wie der Trupp gemeinsam diese Methoden anwenden kann. Es gilt jede Menge Varianten auszuprobieren.

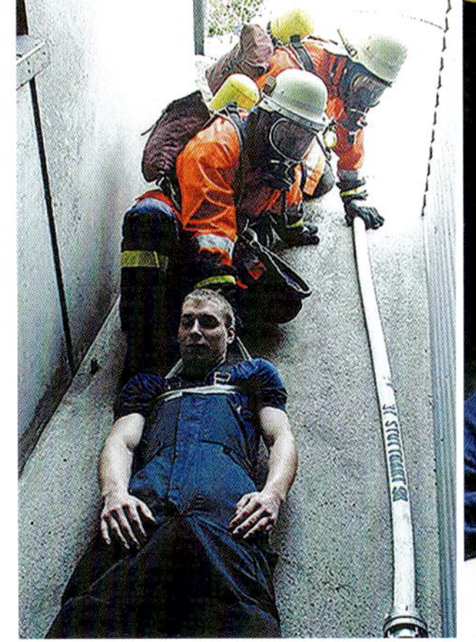

Abb. 5.79

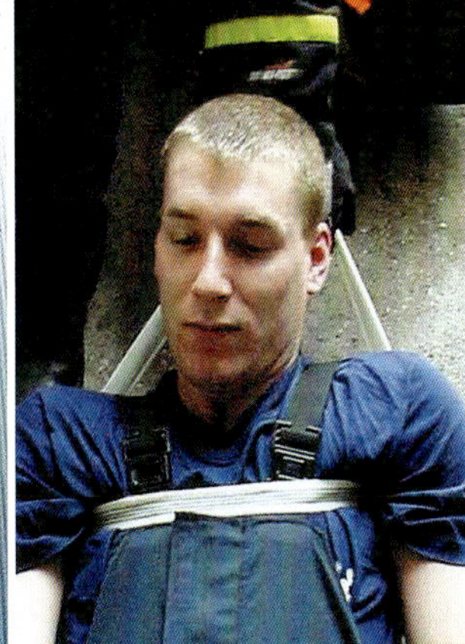

Abb. 5.80

Abb. 5.81

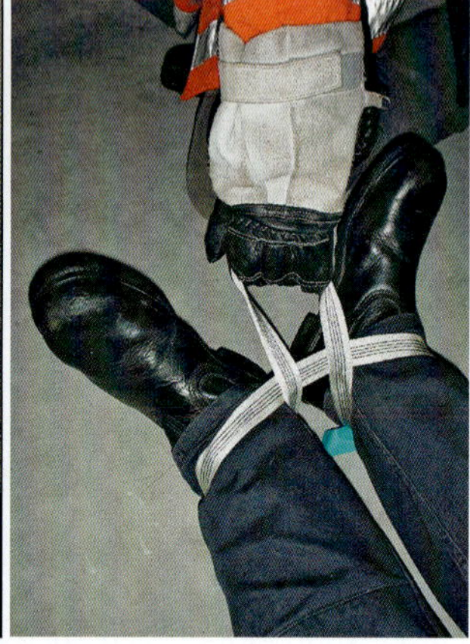

Abb. 5.82 und 5.83: Rettung einer Person mit Bandschlinge

5.7.7 Kennzeichnung von Räumen

Abbildung 5.88 zeigt eine von vielen Möglichkeiten zur Kennzeichnung abgesuchter Räume. Wichtig für eine systematische und umfassende Suche sind Hinweise für nachrückende Trupps,

- welche Räume gerade durchsucht werden,
- welche Räume bereits vollständig abgesucht wurden (zweite Suche abgeschlossen),
- welche Räume nur teilweise abgesucht wurden (erste Suche teilweise oder vollständig abgeschlossen).

Die Pfeilkennzeichnung gibt gleichzeitig die Absuchrichtung des ersten Trupps an. Ergänzend kann die Kennzeichnung von Räumen sinnvoll sein, in denen Personen aufgefunden wurden, beispielsweise um der Polizei Hinweise für spätere Ermittlungen zu geben.

Ein Nachteil dieser Methoden mit Kreide ist, dass sich der Trupp mehrere Zeichen merken muss.

Die Kennzeichnung soll beispielsweise auf der Wand neben der Zugangstür im unteren Drittel gemacht werden, und zwar auf der Seite, auf der sich der Truppführer beim „Betreten von Brandräumen" befindet. Dadurch erkennt der Truppführer sofort den Absuchstatus des vor ihm liegenden Raumes. Zur Kennzeichnung selbst eignet sich in den meisten Fällen Wachskreide. Bei gefliesten Wänden muss unter Umständen eine abweichende Platzierung (auf dem Boden, am Türrahmen) gewählt werden. Die Kennzeichnung auf dem Türblatt selbst ist ungeeignet, da die Kennzeichnung nicht mehr zu sehen ist, wenn die Tür ganz geöffnet ist. Dies gilt sowohl bei nach innen als auch nach außen öffnenden Türen.

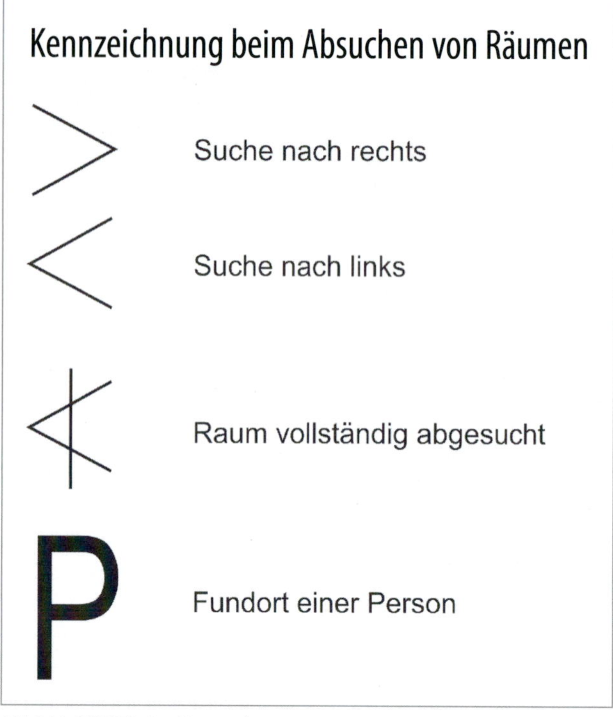

Abb.5.84: **BEISPIEL** *einer Kennzeichnung*

Bei ausgedehnten Gebäudekomplexen kann zusätzlich zwischen Hauptzugängen zu Gebäuden und einzelnen Nutzungseinheiten unterschieden werden. Hierzu werden die jeweiligen Pfeilkennzeichnungen einfach verdoppelt.

Die Wachskreide kann in der Tasche der Einsatzjacke mitgeführt werden, wobei im Einzelfall zu prüfen ist, ob die Erreichbarkeit der Wachskreide beim Tragen von Atemschutzgerät, Feuerwehr-Haltegurt und Feuerwehrleine noch gewährleistet ist. Die Befestigung der Kreide einer reißfesten Schnur (z. B. Paketschnur) verhindert das Verlieren der Kreide.

Eine weitere Methode zur Kennzeichnung abgesuchter Räume, ist das Anbringen von Kordeln/Seilstücken an Türklinken. Voraussetzung ist, dass eine Tür mit Klinke vorhanden ist. Ist dies nicht mehr der Fall, muss eine Alternative abgesprochen sein.

5.7.8 Atemschutznotfall – Truppangehöriger verunfallt

Verunfallt ein Feuerwehrangehöriger im Innenangriff, so besteht für ihn akute Lebensgefahr. Der mitgeführte Atemluftvorrat reicht nur noch für eine begrenzte Zeit, und es können keine weiteren Maßnahmen ergriffen werden, die die Schadenslage einschränken, um Gefahren für die Truppangehörigen abzuwenden. Der Verunfallte muss schnellstens aus dem Gefahrenbereich gebracht werden. Hierzu benötigt der zweite Truppangehörige Unterstützung. Der nicht Verunfallte muss demnach folgende Handlungen ausführen:

- eventuell Bewegen des Verunfallten aus dem direkten Gefahrenbereich

- Kontrollieren des Zustands des Verunfallten (bewusstlos, eingeklemmt, usw.)
- Übernahme des Handsprechfunkgerätes (falls der Verunfallte der Truppführer ist)
- Druckkontrolle des eigenen Atemschutzgerätes und des Atemschutzgerätes des Verunfallten
- Notfallmeldung per Funk nach folgendem Schema:

Beispiel

„Mayday, Mayday, Mayday
Hier Angriffstrupp im Keller
Truppführer ist verletzt und bewusstlos
Benötige dringend Verstärkung
Druck 120
Mayday kommen."

Diese Meldung wird so lange wiederholt, bis **irgendjemand** antwortet.

- Der Truppmann versucht, den Verunfallten an der Rückwegsicherung entlang Richtung Ausgang zu bewegen, dem Sicherheitstrupp entgegen, wenn möglich aus dem verrauchten Bereich.
- Der Verunfallte sollte, wenn möglich, über das weitere Vorgehen informiert werden.

Abb. 5.85

Der Sicherheitstrupp kommt umgehend zum Einsatz. Seine Aufgaben bestehen im Wesentlichen darin, die Lage vor Ort zu erkennen und zu sichern. Die genaue Durchführung hängt von der jeweiligen Einsatzsituation ab. Zu seinen Aufgaben gehören:

- Suchen und Finden des in Not geratenen Trupps
- Befreien aus lebensbedrohlichen Zwangslagen durch Herausbringen des Trupps aus dem Gefahrenbereich oder Befreien eines eingeklemmten Verunfallten
- Sicherstellung der Atemluftversorgung entweder durch mitgeführte Luft oder durch Herausbringen des Trupps.

Für das sichere und effektive Vorgehen des Sicherheitstrupps können verschiedene Hilfsmittel wie z. B. Bandschlingen, Tragetücher, zusätzliche PA usw. zur Verfügung gestellt werden. Für den Einsatz dieser Hilfsmittel gilt als Voraussetzung, dass deren Gebrauch in der Ausbildung geübt wurde.

Merke

Bei einem Atemschutzunfall oder Beinaheunfall ist

→ der Öffnungszustand des Ventils zu kennzeichnen und schriftlich festzuhalten (auch Anzahl der Umdrehungen bis zum Schließen des Ventils)
→ der Behälterdruck der Druckluftflasche schriftlich festzuhalten
→ das Atemschutzgerät (Vollmaske oder Helm-Masken-Kombination, Lungenautomat, Grundgerät) sicherzustellen
→ der Leiter der Feuerwehr zu informieren.

5.7.9 Belüftung von Gebäuden

Die Belüftung von Gebäuden spielt seit dem frühesten Beginn der einsatztaktischen Vorgehensweise im „Innenangriff" eine entscheidende Rolle. Frühzeitig erkannte man die Notwendigkeit der Rauch- und Wärmeableitung aus Gebäuden, um vorgehenden Kräften ihre Arbeit zu erleichtern. Das Prinzip der natürlichen Lüftung bzw. Querlüftung kommt dabei zur Anwendung.

Seit einigen Jahren hat man erkannt, dass Belüftungsmaßnahmen maschinell unterstützt werden können und damit die Zeit für die Ableitung von Wärme und Rauch merklich verringert werden kann. Die Zeit bis zum Wirksamwerden der ersten Maßnahmen im Innenangriff wird demnach ebenfalls erheblich verkürzt.

5.7.9.1 Natürliche Lüftung

Bei einem Brand in einem Gebäude verläuft die Hauptausbreitungsrichtung der Rauchgase in vertikaler Richtung. Der Brandrauch steigt mit der Wärme nach oben. Kann der Brandrauch nicht ins Freie abströmen oder ergeben sich durch die Abkühlung Schichtungen innerhalb des Gebäudes, ist mit einer kompletten Verrauchung des Gebäudes von oben nach unten zu rechnen.

Die Ausbreitung des Rauches kann innerhalb eines Gebäudes konstruktiv durch Bildung von Rauchabschnitten – zum Beispiel durch den Einbau von Rauchschutztüren – verhindert werden. Diese Maßnahmen sind wirkungslos, wenn Türen im Brandfalle offen stehen.

Durch Öffnungen im Gebäude, die nach außen führen, kann der Brandrauch ins Freie abgeleitet werden. Die einfachste Möglichkeit der Rauchgasabführung ist die Schaffung einer Öffnung im oberen Teil des Gebäudes. Dadurch wird der natürliche „Auftrieb" der erwärmten Rauchgase ausgenutzt, und es erfolgt eine Entrauchung des betroffenen Bereiches.

Abb. 5.86: Natürliche Lüftung in Gebäuden

Die Gefährdung von vorgehenden Trupps hängt dabei im Wesentlichen davon ab, ob beim Eintreffen der Einsatzkräfte bereits eine Abluftöffnung vorhanden ist oder diese erst geschaffen werden muss.

Im ersten Fall kann eine ausgelöste Rauch- und Wärmeabzugsanlage (RWA), offen stehende Fenster und Türen oder ein bereits zerstörtes Gebäudeteil zu einer Wärme- und Rauchabfuhr beitragen. Die Gefahr einer schnellen Brandausbreitung ist dann für vorgehende Einsatzkräfte gering, wenngleich auch nicht gänzlich ausgeschlossen.

Im zweiten Fall muss sich der vorgehende Trupp in einen Bereich begeben, in dem sehr warme Brandgase verbunden mit einem möglichen Sauerstoffmangel anzutreffen sind. Durch die Schaffung einer Abluftöffnung begibt sich der Trupp damit in die Gefahr, einer schnellen Brandausbreitung ausgesetzt zu werden.

Wichtig ist, dass Luft vorzugsweise im unteren Bereich des Gebäudes nachströmen kann. Dadurch kann das gesamte Gebäude entraucht werden.

Merke

Damit eine natürliche Entrauchung stattfinden kann, werden eine **ZULUFTÖFFNUNG** und mindestens eine **ABLUFTÖFFNUNG** benötigt.

Beispiel: Entrauchen und Freihalten eines Treppenraumes von Rauchgasen durch Öffnen von Fenstern im oberen Bereich des Treppenraumes.

Die Ausnutzung der an der Einsatzstelle vorhandenen Öffnungen ins Freie und der natürlichen Strömungsverhältnisse im Gebäude bezeichnet man als **Querlüftung**.

5.7.9.2 Maschinelle Belüftung

Die Effektivität der natürlichen Lüftung kann durch den Einsatz maschineller Lüftungsmaschinen (Ventilatoren oder Turbinen) merklich erhöht werden. Insbesondere ist es möglich, eine Verrauchung gezielt zu lenken oder Gebäudebereiche generell rauchfrei zu halten. Dadurch werden auch Gebäudeschäden durch Wärme und Rauch reduziert.

Hinsichtlich der möglichen Wirkprinzipien maschinell unterstützter Belüftungsverfahren ist in

- Druckbelüftung
- Überdruckbelüftung
- Unterdruckbelüftung

zu unterscheiden.

Druckbelüftung

Das Strömungsbild einer Turbine ist eine so genannte „Nadel“, das heißt, dass die einzelnen Luftteilchen, die durch die Turbine beschleunigt werden, aufgrund ihrer unterschiedlichen Austrittsgeschwindigkeit und der Strahlführung das Bild einer Nadel erzeugen. Wenn sich in einem hydraulischen oder pneumatischen System die Strömungsgeschwindigkeit erhöht, ist dies mit einem Druckabfall im Randbereich des strömenden Mediums verbunden. Dieser Druckabfall ist auch im Randbereich der Nadel spürbar. Aufgrund der Tatsache, dass die Luft über den Turbinenquerschnitt unterschiedlich stark beschleunigt wird, ist der Druckabfall im Längsverlauf der Nadel unterschiedlich groß. Dieser Druckverlust wird durch die Umgebungsluft ausgeglichen und durch die Turbinenenergie mitgefördert. Betrachtet man jetzt das Gesamtströmungsbild der Turbine, kann man näherungsweise von einem zylinderförmigen Bild ausgehen.

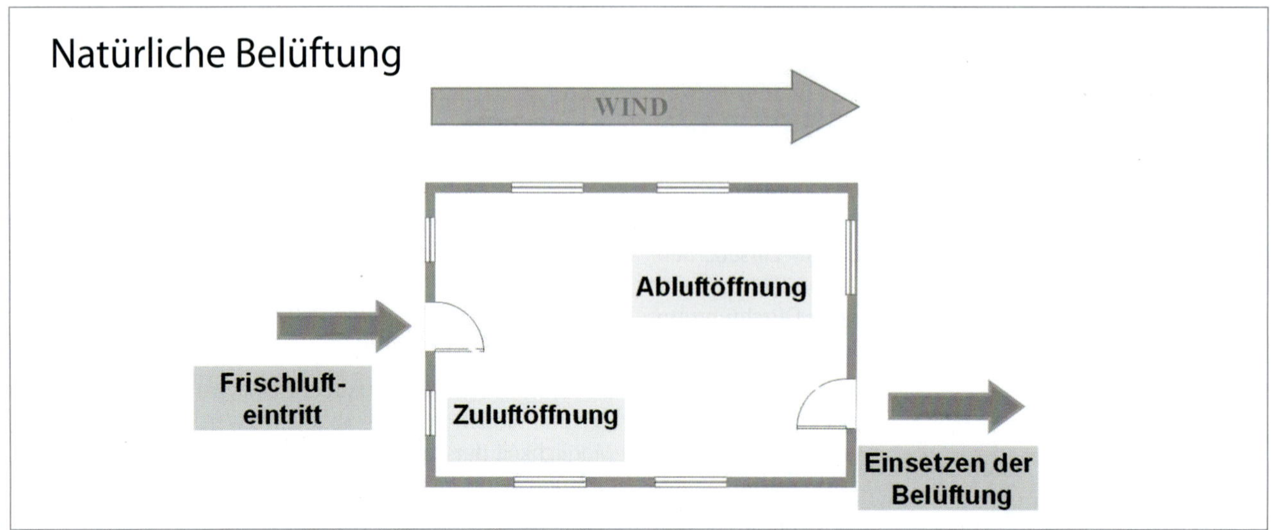

Abb. 5.87: Prinzip der natürlichen Belüftung

Richtet man diesen Zylinder in einem möglichst effektiven Abstand auf die Zuluftöffnung, kann man die Gesamtleistung des Gerätes durch Realisierung eines Injektorprinzips noch weiter steigern. Dabei ist der ausgerichtete Turbinenstrahl (Zylinder) die „Treibdüse" und der verbleibende Querschnitt der Zuluftöffnung wird zur „Fangdüse".

Es strömt somit eine entsprechende Menge an Luft durch den zu belüftenden Bereich auf direktem Weg von der Zuluft- hin zur Abluftöffnung. Alle Ablenkungen oder Engpässe auf diesem Weg können sowohl zur Veränderung der Effektivität als auch zu Gefahren für die Einsatzkräfte führen. Ganz besonders kritisch ist der Moment, wenn ein vorgehender Trupp den Brandraum durch die Zuluftöffnung betritt und durch den menschlichen Körper die Wirkung der Treibdüse eliminiert. In diesem Fall ist die Gefahr einer schnellen Brandausbreitung erheblich. Dies ist damit zu begründen, dass das System komplett zusammenbricht und dadurch keine kühle Luft mehr nachströmt. Andererseits befindet sich bereits ein Tunnel aus geförderter Frischluft im Raum, der nach kurzer Erwärmung die Zündung der verbliebenen Kohlenstoffmonoxidteile und anderer Pyrolyseprodukte auslösen kann.

Abb. 5.88 und 5.89: Drucklüfter (Turbine) mit Verbrennungsmotor

Die Druckbelüftungsgeräte werden von einem 4-Takt-Motor angetrieben. Sie erzeugen einen schlanken Luftkegel mit hohen Strömungsgeschwindigkeiten. Der Luftvolumenstrom liegt bei etwa 11.000 m³/Stunde, wobei der effektive Luftvolumenstrom durch die Injektorwirkung bis zu 34.000 m³/Stunde betragen kann. Der erzeugte Luftstrom ist **zylinderförmig**.

Vorteile

- Geringe Außenmaße des Aggregats;
- Schnell und mit geringem Personalaufwand einzusetzen;
- Keine störenden Elektroleitungen oder Schläuche im Eingangsbereich;
- Standort beliebig wählbar;
- Sichtverhältnisse im Gebäude werden rasch verbessert;
- Temperatursenkung im Gebäude;
- Senkung der Schadstoffkonzentration;
- Bei Nachlöscharbeiten geringere Belastung durch Rauchgase, besseres Auffinden von Glutnestern und schwelenden Stellen.

Nachteile

- Verhältnismäßig hoher Geräuschpegel;
- Abgase des Verbrennungsmotors werden ins Gebäude geblasen;
- Durch große Strömungsgeschwindigkeiten Turbulenzen im Gebäudeinnern;
- Der Verbrennungsmotor benötigt Luftsauerstoff;
- Die Strömungsverhältnisse im Gebäude können durch vorgehende Trupps gestört werden;
- Bei erhöhtem Gegendruck wie z. B. dem Belüften von höheren Stockwerken geht der Luftvolumenstrom stark zurück.

Überdruckbelüftung

Bei der Überdruckbelüftung wird im Vergleich zur Druckbelüftung ein anderes Wirkungsprinzip verfolgt: Hier wird der gesamte druckbelüftete Bereich zu einem so genannten Windkessel. Der im Vergleich zur Umgebungsatmosphäre angehobene Druck in diesem Windkessel sorgt dafür, dass die im Raum befindliche Atmosphäre gleichmäßig und verwirbelungsfrei, jedoch mit einer durch den Druck erzeugten Beschleunigung ins Freie geschoben wird. Das einsatztaktische Fazit dieses Prinzips ist eine wesentliche Erhöhung der Lüftungsleistung sowie eine rasche Abkühlung der Gase in den belüfteten Bereichen, ohne dabei nennenswerte strömungstechnische Nachteile hinnehmen zu müssen. Die Gefahr einer schnellen Brandausbreitung wird stark vermindert.

Der erzeugte Überdruck im zu belüftenden Bereich liegt bei zwei bis drei Millibar, in Spitzen kurzzeitig bei fünf Millibar. Um diesen Druck zu erzeugen, bedarf es einer Kraft, die gleichmäßig auf eine Fläche (Zuluftöffnung) wirkt. Durch eine besondere Geometrie des Lüfterrades (wird häufig als Propeller bezeichnet) oder durch die Kombination von Lüfterrad und Gehäuse gelingt es mit diesen Geräten, nicht nur einen Strömungskegel zu erzeugen, der eine Zuluftöffnung komplett abzudecken vermag, sondern auch innerhalb dieses Kegels die Kraftverteilung gleich zu halten.

Für den Einsatz bedeutet dies, dass das Überdruckbelüftungsgerät so vor der Zuluftöffnung zu positionieren ist, dass diese durch den entstehenden Kegel komplett abgedeckt wird. Hierzu ist ein Abstand vor der Zuluftöffnung zu wählen, der mindestens der Diagonalen der Zuluftöffnung entspricht. Wird der Abstand zu groß gewählt, verringert sich zwar die Effizienz der Maßnahme, sie kommt aber nicht gänzlich zum Erliegen. Wird der Abstand zu klein gewählt, wird die Zuluftöffnung nicht vollständig abgedeckt und wir erhalten das Funktionsprinzip der Druckbelüftung mit einer Turbine.

Abb. 5.90: Luftkegel bei der Überdruckbelüftung

Folgende Vorgehensweise sollte an der Einsatzstelle eingehalten werden:

Nach der Erkundung sind vom Einsatzleiter zunächst die Abluftöffnung(en) festzulegen und schaffen zu lassen. Dies erfolgt von außen unter Beachtung der Verhältnismäßigkeit der Mittel. Fenster werden mit Einreißhaken, in Obergeschossen unter Zuhilfenahme von Leitern geöffnet bzw. zerstört. Die Abluftöffnungen sollen dabei möglichst nahe an der Ereignisstelle liegen, damit die freigesetzten Schadstoffe auf möglichst kurzem Wege ins Freie gelangen, ohne dabei unnötig nicht betroffene Räume oder Gebäudeteile zu kontaminieren.

Merke

Beim Schaffen der Abluftöffnung ist auf mögliche Durchzündungen oder Stichflammen an der Abluftöffnung zu achten. Fenster werden von der Seite geöffnet oder eingeschlagen, niemals direkt davorstehend.

Als Zuluftöffnung wird sinnvollerweise der Angriffsweg des ersten Trupps gewählt. Damit wird sowohl die Sicht für den vorgehenden Trupp verbessert als auch die Temperaturbelastung reduziert. Das Belüftungsgerät wird in Betrieb genommen, sobald der vorgehende Trupp einsatzbereit vor der Zuluftöffnung steht (Wasser am Rohr; Lungenautomat angeschlossen, falls Rauchgrenze an der Zuluftöffnung beginnt; Atemschutzregistrierung erfolgt, ...). Der Lüfter sollte nicht vorher in Betrieb genommen werden, da durch den Lüfter eine große Menge Luftsauerstoff an den Brandherd gebracht wird. Ausnahme: Bei Menschenrettung kann für Betroffene durch frühzeitige Inbetriebnahme des Lüfters

Abb. 5.91 und 5.92: Überdrucklüfter mit Verbrennungsmotor

Abb. 5.93 und 5.94: Überdrucklüfter mit Wasserturbinenantrieb

eine Verbesserung der Umgebungsatmosphäre und eine Abkühlung erzielt werden. Die herkömmlichen Einsatzgrundsätze für den Atemschutzeinsatz bleiben unberührt. Der vorgehende Trupp achtet darauf, dass er eine räumliche Verbindung zum zu entrauchenden Bereich schafft und diese auch aufrechterhält (Türen öffnen und verkeilen). Er hat sich so zu verhalten, dass er sich niemals zwischen der Ereignisstelle des Brandes und einer Abluftöffnung aufhält, da er sich ansonsten mitten in die abströmenden Schadstoffe und Pyrolyseprodukte begibt. Als Problem stellt sich dabei das Schaffen weiterer Abluftöffnungen dar, da sich der Trupp genau dann zwischen Brandstelle und der Abluftöffnung befindet. Sollten weitere Abluftöffnungen erforderlich sein, muss der Trupp diese mit höchster Vorsicht öffnen oder besser noch von außen öffnen lassen und sich selbst in einen sicheren Bereich zurückziehen.

Soll gezielt über eine Abluftöffnung entraucht werden, darf der Trupp keine weiteren Öffnungen schaffen. Weiterhin lässt sich ableiten, dass alle Einsatzkräfte die Einsatzstelle ausschließlich über die Zuluftöffnung betreten und wieder verlassen.

Überdruckbelüftungsgeräte werden mit Hilfe von Verbrennungsmotoren oder mit Wasser angetrieben. Charakteristisch ist der Antrieb eines Propellers, der im Gegensatz zu den Turbinenlüftern einen Luftkegel erzeugt.

Vorteile

- Luftkegel erzeugt einen Windkessel im zu belüftenden Bereich. Damit ist die Größe des Objektes unerheblich;
- Das System wird auch bei Querschnittsveränderungen – z. B. durch vorgehende Trupps – nicht gestört;
- Geringe Außenmaße der Lüfter;
- Sichtverhältnisse im Gebäude werden rasch verbessert;
- Temperatursenkung im Gebäude;
- Senkung der Schadstoffkonzentration;
- Bei Nachlöscharbeiten geringere Belastung durch Rauchgase, besseres Auffinden von Glutnestern und schwelenden Stellen;
- Wasserbetriebene Lüfter können zur Erzeugung eines Wassernebels verwendet werden;
- Auch für das Belüften höherliegender Räume geeignet.

Nachteile

- Verluste durch Aufprall eines Teils des Luftkegels auf den Türrahmen und das Mauerwerk;
- Hoher materieller Aufwand bei wasserbetriebenen Lüftern, Abhängigkeit von einem wasserführenden Fahrzeug mit Feuerlöschkreiselpumpe;
- Bei Lüftern mit Verbrennungsmotor werden Abgase mit ins Gebäude geblasen;
- Hoher Geräuschpegel;
- Der Verbrennungsmotor benötigt Luftsauerstoff.

Unterdruckbelüftung

Bei der Unterdruckbelüftung wird Rauch aus der Einsatzstelle abgesaugt. Die Effektivität dieser Maßnahme ist im Vergleich zu der Druck- und Überdruckbelüftungsmaßnahme geringer. Entscheidender Vorteil ist die Möglichkeit, Rauch oder Gase gezielt aus Gebäuden, Anlagenteilen oder Kanalisationen herauszuführen ohne die Gefahr, Schadstoffe durch versteckte Öffnungen in Bereiche zu drücken, in denen sie zu einer weiteren Gefährdung führen können. Zur Anwendung kommen so genannte Be- und Entlüftungsgeräte mit Elektromotorantrieb. In umgedrehter Aufstellungsrichtung kann das Gerät als Drucklüfter eingesetzt werden. Darüber hinaus wird das Gerät als Leichtschaumgenerator verwendet.

Luftbewegendes Element ist bei diesen Geräten eine Turbine vergleichbar der Druckbelüftungstechnik. Am Lufteintrittsquerschnitt des Gerätes entsteht durch die Geschwindigkeitserhöhung der Luft ein Druckgefälle zur unmittelbaren Umgebung. Der herrschende atmosphärische Luftdruck sorgt dafür, dass das Gefälle durch „Nachschieben" von Umgebungsluft ausgeglichen wird.

Durch die Verwendung formstabiler Sauglutten kann das Druckgefälle des Eintrittsquerschnitts in den zu entrauchenden Bereich verlagert werden. Zwingend erforderlich ist auch bei dieser Belüftungsvariante die Schaffung einer Zuluftöffnung, durch die Frischluft ins Gebäude nachströmen kann.

Sinnvollerweise sollte das Be- und Entlüftungsgerät bei der Unterdruckbelüftung dort positioniert werden, wo sich bei der Druckbelüftungsvariante die Abluftöffnung befindet. Dadurch wird der Rauch direkt, ohne Umwege aus dem Gebäude befördert. Die Einsatzkräfte betreten die Einsatzstelle durch die Zuluftöffnung, in der Regel ist dies der Gebäudehaupteingang. Dadurch steht kein Gerät und stehen keine Sauglutten im Weg, es liegen keine Kabelverbindungen herum, die eine Unfallgefahr für die Einsatzkräfte darstellen könnten. Die Geräuschkulisse in diesem Bereich ist ebenfalls gering.

Diese Aufstellungsvariante ist bei Kellerbränden und Bränden in Erdgeschossen noch möglich, während sie bei Ereignissen in Obergeschossen fast gänzlich ausgeschlossen werden kann. In diesen Fällen stößt die Unterdruckbelüftungsvariante sehr schnell an Grenzen, da abzuführender Rauch unter Umständen durch das komplette Einsatzobjekt gesaugt werden muss. Dabei ergibt sich eine Kontaminierung von bislang nicht betroffenen Räumen. Die Effektivität stößt damit ebenfalls an ihre Grenzen, da die Lüftungsleistung des Be- und Entlüftungsgerätes für diesen Anwendungsfall gering ist.

Abb. 5.95: Be- und Entlüftungsgerät

Vorteile

- gezielte Entrauchung von Räumen möglich;
- keine Verteilung von Rauch oder anderen Schadstoffen durch versteckte Öffnungen in andere Gebäudeteile;
- geringe Geräuschkulisse durch Elektromotor;
- Möglichkeit, die Austrittstelle der Rauchgase genau zu bestimmen;
- Keine Abgase, die in das zu belüftende Gebäude geblasen werden;
- Kombination Be- und Entlüftungsgerät/Leichtschaumgenerator.

Nachteile

- verhältnismäßig geringe Lüftungsleistung der vorhandenen Geräte (ca. 10.000 m^3/h);
- Lüfter müssen mit Energie versorgt werden; es ist notwendig Elektrizität zu erzeugen und Elektroleitungen zu verlegen;
- Lüfter und Sauglutten behindern unter Umständen den Zugangsbereich;
- das Bedienpersonal muss im Gefahrenbereich arbeiten;
- der Lüfter arbeitet gegen die natürliche Strömungsrichtung des Rauches;
- im Gebläse und in den Sauglutten bilden sich Ablagerungen durch Brandgase.

5.7.9.3 Einsatzgrundsätze bei maschineller Belüftung

- Der erste Lüfter wird im Freien eingesetzt, um Frischluft ins Gebäude zu drücken und die Funktion des Lüfters überwachen zu können. Dies ist besonders bei den Lüftern, die mit Verbrennungsmotoren betrieben werden, zu beachten, da deren Betrieb vom Sauerstoffanteil in der Umgebungsluft abhängt.
- Mit der Überdruckbelüftung erst dann beginnen, wenn der Brandherd genau lokalisiert ist, die Brandbekämpfung eingeleitet wurde und eine geeignete Abluftöffnung besteht. Dadurch wird vermieden, dass sich die Brandgase unkontrolliert im Gebäude ausbreiten und bei einem durch den Luftstrom angefachten Brand sofort Wasser am Strahlrohr zur Verfügung steht.
- Um den Schaden auf den Brandraum zu begrenzen, ist die Abluftöffnung in der Nähe des Brandherdes herzustellen. Zusätzliche Öffnungen werden nur nach Weisung des Einsatzleiters eingerichtet.
- Gebäude nie durch die Abluftöffnung betreten. Hier ist ein vermehrter Rauchaustritt und große Wärme zu erwarten. Die sicherste Zugangsmöglichkeit führt durch die Zuluftöffnung.
- Die Zuluftöffnung ist durch den Luftkegel des Lüfters vollständig abzudecken (Kontrolle der Öffnungsumrisse mit der Hand). Ansonsten wird im Gebäude kein Überdruck erzeugt.
- ACHTUNG: Verunreinigungen vor der Zuluftöffnung, beispielsweise Glassplitter, können unmittelbar vor dem Lüfter aufgewirbelt werden und zu Augenverletzungen führen.
- Lüftungsvorgang und Verlauf des Luftstromes innerhalb des Gebäudes ständig überwachen, damit eine kontinuierliche Belüftung gewährleistet und eine Verschleppung der Brandgase im Gebäude ausgeschlossen ist. Die Überwachung bezieht sich auch auf den Lüfter selbst. Es muss ausgeschlossen werden, dass der Lüfter seine Position verändert oder der Verbrennungsmotor nicht mehr funktioniert. Die Belüftung von einem Gebäudeteil aus beginnen, um Brandrauch und Brandwärme von diesem Bereich fernzuhalten.
- Auf versteckte Öffnungen, wie zum Beispiel Lüftungsschächte und Kabelkanäle oder Aufzugschächte, achten. Über diese Öffnungen kann es unbemerkt zur Ausbreitung der Brandgase kommen.

Merke

So wie sich Brandrauch ohne Druckbelüftung ausbreitet, wird er dies auch während einer Druckbelüftung tun. Nur viel schneller.

- Räume, die beim Belüftungsvorgang im Luftstrom liegen, nach Personen absuchen
- Lüftereinsatz bei größeren Objekten im Bereich der Einsatzplanung und Vorbereitung planen
- bei größeren Objekten Lüfter nachfordern und einsetzen. Mit jeder Zuluftöffnung, durch die Luft ins Gebäude geblasen wird, erhöht sich die Anzahl der Abluftöffnungen, die geschaffen werden können bzw. müssen
- bei großen Objekten und unübersichtlichen Lagen einen Einsatzabschnitt „Lüften" bilden
- Lüfter regelmäßig warten (z. B. Luftfilter bei Verbrennungsmotoren)

Wenngleich die Druck-/Überdruckbelüftung – richtig angewendet – wesentlich zu einem Einsatzerfolg beitragen kann, zeichnen sich auch Einsatzgrenzen und Gefahren ab. Nachfolgend sind diese erläutert.

- Wenn die Zuluftöffnung durch den Luftkegel des Lüfters nicht vollständig abgedeckt werden kann, wird im Gebäudeinnern kein Überdruck aufgebaut. Die Vorzüge der Überdruckbelüftung kommen nicht zum Tragen. Es entstehen Verwirbelungen im Rauminnern.
- Bei Lagen, in denen der Brandrauch in Räume mit Personen gedrückt wird, ist die Druck-/Überdruckbelüftung einzustellen.
- Wenn nicht zu vermeiden ist, dass sich Einsatzkräfte zwischen der Brandstelle und der Abluftöffnung aufhalten müssen, darf keine Druck-/Überdruckbelüftung eingesetzt werden.
- Breiten sich die Rauchgase durch versteckte Öffnungen aus, Belüftung stoppen.
- Bei Situationen, in denen die Abluftöffnung und somit der Luftstrom im Gebäude nicht definiert werden kann, keine Druck-/Überdruckbelüftung einsetzen.

Merke

Erst Abluftöffnung schaffen, dann Belüftung starten.

- Wenn die Gefahr einer Rauchdurchzündung besteht, ist unbedingt auf eine Abdeckung der Zuluftöffnung durch den Luftkegel des Lüfters zu achten, damit es keine Verwirbelungen im Rauminnern gibt. Vor Beginn der Druck-/Überdruckbelüftung ist eine Abluftöffnung möglichst im oberen Bereich des verrauchten Gebäudes zu schaffen.

5.7.10 Brände in Gebäuden

5.7.10.1 Wohnungsbrände

Brände mit Todesfolge ereignen sich überwiegend in Wohnbereichen. Insbesondere nachts, wenn die Bewohner im Schlaf vom Brand überrascht werden, geschieht dies durch starke Rauchentwicklung oder aufgrund unzureichender Rettungswege. Ursachen von Wohnungsbränden sind häufig defekte, überhitzte oder unsachgemäß verwendete elektrische Geräte wie Lampen, Bügeleisen, Heizdecken, Elektroherde, Fritteusen oder Fernsehgeräte. Vielfach führen auch brennende Kerzen und Rauchwaren, das Spielen von Kindern mit Zündartikeln oder leichtsinniger Umgang mit brennbaren flüssigen Stoffen zum Entstehungsbrand.

Die Brandbekämpfung in Wohngebäuden wird über den Treppenraum (Innenangriff) oder von außen über Leitern durchgeführt. Um über Leitern einen wirksamen Löscheinsatz sicherzustellen, ist bei der Brandbekämpfung möglichst in die Wohnung einzusteigen. Das Hereinspritzen von Wasser in den Rauch ist sinnlos und führt nur zu hohen Wasserschäden.

Der Innenangriff über den Treppenraum verläuft relativ schnell und sicher und ist daher die Regel. Außerdem greifen Menschen in Stresssituationen auf die alltägliche Routine zurück. Die Möglichkeit, dass eine aus einem Gebäude flüchtende Person unter Stress versucht, den gewohnten Weg über den Treppenraum zu nehmen, ist groß.

5.7.10.2 Kellerbrände

Aus unterschiedlichen Gründen zählen Kellerbrände zu den anspruchvollsten Brandeinsätzen der Feuerwehr.

Zunächst einmal befinden sich in Kellergeschossen vielseitig genutzte Räumlichkeiten wie Lager-, Hobby-, Hausanschluss- oder Heizräume. Daher werden auch die unterschiedlichsten brennbaren Stoffe wie Holz, Kohle, Heizöl, Flüssiggasflaschen, Spraydosen, Farben und Lacke, Verdünner, Treibstoffe und anderes vorgefunden. Hinzu kommen in vielen Fällen die Gefahren, die von Hausanschlüssen für Gas und elektrische Energie ausgehen.

Dadurch, dass Kellerräume oftmals über eine geringe Raumhöhe und schlechte Belüftungsmöglichkeiten verfügen, verbraucht sich der in den Räumen vorhandene Sauerstoff sehr schnell. Dies führt zur Bildung von Glutbränden, die innerhalb des Kellergeschosses zu einer starken Rauchbildung und heftiger Aufheizung der Räumlichkeiten führen. Die Erhitzung der Räume kann dabei so stark sein, dass die Aufhängungen und Isolierungen der über Putz geführten elektrischen Leitungen abschmelzen und so die blanken Kabel nach unten fallen. Daher ist es besonders wichtig, die Stromversorgung rechtzeitig abzuschalten, um so eine Gefährdung der Einsatzkräfte durch Elektrizität zu vermeiden.

Auch Gasleitungen können bei entsprechenden Temperaturen ausgelötet werden, wodurch die Gefahr des Ausströmens und des Entzündens von Gas entsteht. Stichflammen aus Gasleitungen sollten zur Verhinderung einer Explosion nicht gelöscht, sondern nur „überwacht" werden, bis die Gasleitung durch Schieber abgesperrt werden kann.

Durch die heraufströmenden heißen Brandgase ist das Herabsteigen in den Kellerbereich für den vorgehenden Trupp schwierig. Treppen sind je nach Einsatzsituation so zu begehen, dass der Trupp bestmöglich abgesichert ist. Wichtig sind z. B. eine große Auftrittfläche, um einen sicheren Stand zu bekommen, Möglichkeit der Gewichtsverlagerung auf die sichere Seite, usw. Besteht beim Herabsteigen in einen Keller schlechte (bis keine) Sicht und kommen heiße Brandgase entgegen, sollte der vorgehende Atemschutztrupp die Möglichkeit haben, sich mit dem vorgenommenen Rohr auch zu schützen. Dies geht nicht, wenn der Trupp in solchen Situationen rückwärts die Treppe hinuntergeht. Die korrekte Vorgehensweise (rückwärts, vorwärts, seitwärts, usw.) ergibt sich aus der jeweiligen Einsatzsituation.

Darüber hinaus ist besondere Vorsicht bei der Wasserabgabe mit dem mitgeführten Strahlrohr geboten, da in stark erhitzten Bereichen die abgegebene Wassermenge rasch verdampft, und damit Verbrühungen der Einsatzkräfte hervorgerufen werden können. Bei Menschenrettung ist auch an die zu rettenden Personen zu denken, für die die Umgebung durch unkontrollierte Wasserabgabe nicht überlebensfreundlicher wird.

Um all diese ungünstigen Bedingungen zu verbessern, müssen daher in allererster Linie alle Möglichkeiten ausgenutzt werden, um Rauch und Wärme abzuführen, womit auch automatisch Frischluft nachströmt. Dies kann durch Öffnen aller Kellerfenster, nötigenfalls auch gewaltsam, und durch den Einsatz von Belüftungsgeräten erreicht werden.

Steht der Kellerzugang mit dem Treppenraum des Gebäudes in Verbindung, muss auch dieser belüftet werden, damit der Rauch nicht in die angrenzenden Wohnbereiche gelangen kann, und sind die Wohnungsabschlüsse zum Treppenraum geschlossen zu halten. Notfalls sind die Bewohner des Hauses aus dem Gebäude zu führen.

5.7.10.3 Dachstuhlbrände

Die Brandbekämpfung von Dachstuhlbränden ist besonders kräfte- und materialintensiv und wird vor allem durch die Gebäudehöhe, die Dachneigung und vielfach durch die vorhandene Bebauung erschwert.

Bei nicht ausgebauten Dachgeschossen wird der Dachraum häufig zum Abstellen von Gegenständen genutzt, wodurch sich in Dachräumen im Allgemeinen hohe Brandlasten befinden. Auch wird durch das über Jahre hinaus ausgetrocknete Gebälk die Brandintensität erhöht sowie die Brandausbreitung durch fehlende Trennwände oder Türen beschleunigt.

Zunächst entwickelt sich ein Dachstuhlbrand innerhalb der Dachhaut als so genannter „geschlossener Dachstuhlbrand" bis sich nach Zerstörung der Dachhaut ein „offener Dachstuhlbrand" ausbildet.

Der geschlossene Dachstuhlbrand wird unter Atemschutz vom Treppenraum aus und gegebenenfalls von außen über Leitern bekämpft. Es ist völlig wirkungslos, wenn die Dachhaut (Ziegel, Blech) von außen abgespritzt wird (sog. „Kühlen der Dachhaut"), da sich der Brand unter der Dachhaut weiter ausbreitet.

Abb. 5.96 bis 5.98: Dachstuhlbrand *Quelle: Berthold Wagner*

Bei aneinander gebauten Gebäuden (geschlossene Bauweise) ist die Gefahr der Brandausbreitung besonders hoch. Hier sind Riegelstellungen zu errichten und die Dachräume benachbarter Gebäude zu kontrollieren. Besonderes Augenmerk ist auf Gebäudetrennwände, darin vorhandene Öffnungen, Durchbrüche sowie eine Überbrückung durch Lattung, Isoliermaterialien, Dachfenster oder Fenster in höher angrenzenden Gebäudeteilen zu richten. Auch ein Flugfeuer oder das Herabfallen brennender Teile auf niedrigere Gebäude kann bei offenen Dachstuhlbränden zur Brandausbreitung führen.

Bei Dachstuhlbränden ist auf Einsturzgefahr zu achten. Diese Gefahr kann anhand des Zerstörungsgrades der Bauteile beurteilt werden. Einen ersten Hinweis auf einen möglichen Einsturz liefern die durch Abbrand der Dachlattung nach innen und außen herabfallenden Dachpfannen.

Bis zu einem völligen Einsturz müssen jedoch erst die wesentlich massiveren „Dachständer" (Stützen) in ihren Verzapfungen restlos ausbrennen sowie Pfetten und Sparren mindestens zu einem Drittel geschwächt sein. Ein Vorgang, der erfahrungsgemäß nicht so schnell vor sich geht. Für den Trupp gilt daher, dass die tragenden Teile (Binder) an den Knotenpunkten zuerst abgelöscht werden.

Bei einem fortgeschrittenen Dachstuhlbrand muss unabhängig von der Art des Brandes immer mit dem Versagen der Dachkonstruktion, Abbrand der Knotenpunkte, Festigkeitsverlusten bei Bauteilen aus Stahl und somit mit dem Einsturz von Teilen des Dachstuhls oder des gesamten Dachstuhls gerechnet werden. Ebenso besteht die Gefahr des Einsturzes von freistehenden Giebelwänden, wenn der Verbund des Dachstuhls zerstört wurde.

Von besonderer Problematik sind eventuell vorhandene gezogene oder geschweifte Schornsteine, die schon frühzeitig gefährlich werden können. Ein einstürzender Schornstein kann mehrere Decken durchschlagen; daher müssen die gefährdeten Stellen in den darunterliegenden Geschossen vorsorglich freigehalten werden.

Immer häufiger sind Dachräume ausgebaut und werden als Wohnung genutzt. Bei unklarer Lage muss der Angriffstrupp daher zunächst erkunden, ob Dachkammern, Mansardenräume oder eingebaute Dachwohnungen vorhanden sind und sich darin noch Menschen aufhalten. Prinzipiell gilt auch bei Dachstuhlbränden, dass Menschenrettung und Schutz der eigenen Kräfte vorrangige Ziele vor der Brandbekämpfung sein müssen.

5.7.11 Brandentstehung und Brandverlauf

5.7.11.1 Pyrolysegase

Nachdem es zur Zündung eines brennbaren Materials gekommen ist und genügend Sauerstoff und brennbares Material vorhanden sind, wird die unmittelbare Umgebung des Brandherdes durch die direkt auftretende Strahlungswärme thermisch aufbereitet, bis das erhitzte Material so heiß ist, dass es ausgast. Diese Gase nennt man Pyrolysegase. Sie sind brennbar, heiß und steigen nach oben, sammeln sich unter der Decke und strahlen ihre Wärme in den Raum ab. Pyrolysegase sind beispielsweise auch nach dem Auspusten einer Kerze als weißer Rauch zu sehen.

Durch die Ausbreitung des Feuers, den Temperaturanstieg des Raumes und die immer größer werdende Strahlungswärme, von der Decke kommend, werden immer mehr Gegenstände im Raum erhitzt. Dies wiederum führt zu einer vermehrten Produktion von Pyrolysegasen.

Die heiße Rauchschicht an der Decke wird immer mächtiger und nähert sich dem Boden.

Der Sauerstoffgehalt in der Rauchschicht reicht nicht für die Bildung eines zündfähigen Gemisches aus. An der Grenzfläche der Rauchschicht aber kann es mit der dem Brandherd entgegenströmenden sauerstoffreichen Luft zu kleinen Verwirbelungen kommen, die sich entzünden können. Hier spricht man von den „tanzenden Engeln".

Eine schnelle Brandausbreitung kann je nach Einsatzsituation durch verschiedene Vorgänge verursacht werden. Im Folgenden sind einige dieser Vorgänge beschrieben, die in entsprechender Fachliteratur auch noch weiter unterschieden werden.

5.7.11.2 Rauchdurchzündung (Rollover)

Zünden die Pyrolysegase in einer Rauchschicht durch, so handelt es sich um die Rauchdurchzündung, auch Rollover genannt. Stimmt das Mischungsverhältnis zwischen brennbarem Stoff, Sauerstoff und Zündenergie, dann findet eine Durchzündung der Pyrolysegase statt. Diese Zündung kann dort stattfinden, wo sich die brennbaren Gase sammeln können, z. B. auch im Treppenraum außerhalb der Brandwohnung oder im Geschoss darüber.

5.7.11.3 Raumdurchzündung (Flashover)

Ist die Temperatur in einem Raum durch die Strahlungswärme der Rauchgasschicht so hoch, dass alle brennbaren Oberflächen im Raum zünden, spricht man von einer Raumdurchzündung oder Flashover, dem Übergang vom Entstehungsbrand zum Vollbrand.

Auch können sich die erwärmten Rauchschichten in größerer Entfernung vom Brandherd allmählich wieder absenken und immer noch ausreichend Energie aufbringen, um brennbare Materialien ausgasen zu lassen. Werden diese gezündet, kann dies zu einem Abschneiden des Rückzugweges für angreifende Trupps führen.

Anzeichen eines Flashovers

Die wichtigste Voraussetzung für einen Flashover ist, dass stets genug Sauerstoff und ausreichend Strahlungswärme von oben vorhanden sind. Dies wird von den Einsatzkräften durch eine schlagartige Temperaturzunahme im Brandraum und durch die Wärme der Rauchgase, die sich im Deckenbereich angesammelt haben, wahrgenommen. Wenn die Einsatzkräfte nach oben schauen, können sie Flammenzungen in der dicken und bereits niedrig hängenden Rauchschicht sehen. Außerdem werden andere Einrichtungsgegenstände im Brandraum sichtbaren Rauch und brennbare Gase freisetzen.

Abb. 5.99 und 5.100: Entwicklung eines Flashover *Quelle: BF Pforzheim*

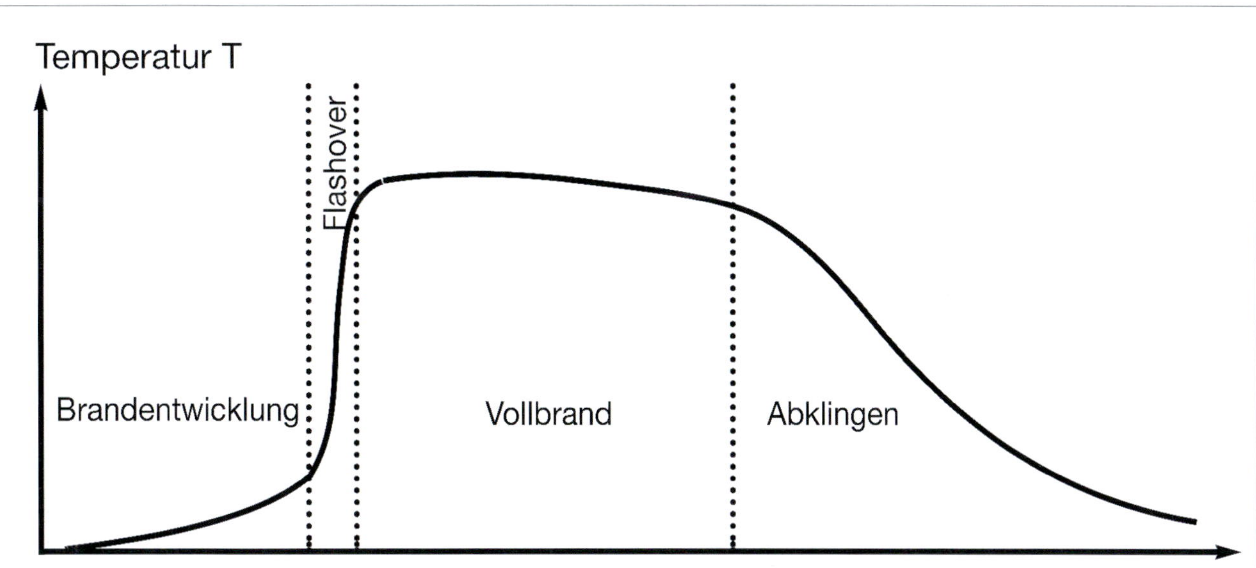

Abb. 5.101

Maßnahmen bei Gefahr einer Rauchdurchzündung oder eines Flashovers

Sobald Atemschutzgeräteträger in verrauchte Bereiche vordringen, ist es wichtig, die Deckentemperatur zu kontrollieren. Dies wird mit einem kurzen Sprühstoß schräg nach oben in die Rauchschicht getan. Kommt dabei wieder Wasser herunter, ist die Temperatur so gering, dass kein oder nicht alles Wasser verdampft.

Entsteht aber heißer Wasserdampf, so hat der Trupp die Rauchgasschicht herunterzukühlen, indem zwei bis drei kurze Sprühstöße nach oben abgegeben werden. Zwischendurch ist immer wieder der Kühlerfolg zu kontrollieren.

Wird zu viel Wasser in die heißen Rauchgase gesprüht oder kommt zu viel Wasser an die stark aufgeheizte Decke, entstehen große Mengen heißen Wasserdampfes. Diese können nicht nur die Rauchschicht nach unten drücken, sondern auch starke Verwirbelungen und daraus zündfähige Gemische bilden. Ebenso werden die Sichtverhältnisse weiter verschlechtert.

Ist die Gefahr eines Flashovers beseitigt, hängen die nächsten Maßnahmen davon ab, ob der Brand gelöscht werden kann, bevor die Bedingungen für einen Flashover erneut erreicht werden. Wenn das erneute Erreichen dieser Bedingungen wahrscheinlich ist, ist es notwendig, den Brandraum so bald wie möglich zu lüften.

Wenn die heißen Rauchgase schneller reduziert und gekühlt werden, als sie nachgeliefert werden, wird auch die Gefahr eines Flashovers vermindert. Rauchabzugsöffnungen, auch Rauch- und Wärmeabzugsanlagen (RWA) genannt, sind genau dafür konzipiert. Es ist jedoch wichtig, dass die richtigen Abzugsöffnungen geöffnet werden. Je weiter entfernt sich die Abzugsöffnungen vom Brandherd befinden, umso weiter müssen die heißen Rauchschichten wandern und umso größer ist die Gefahr einer Brandausbreitung in andere Bereiche.

Gibt es keine maschinellen Rauchabzugsöffnungen, müssen Öffnungen von Hand geschaffen werden. Aber Vorsicht! Eine falsche Belüftung kann in einer Brandausbreitung resultieren, da heiße Rauchgase in Bereiche gelangen können, in die sie ohne Belüftung nicht oder aber erst viel später gelangt wären.

Auch ist je nach Einsatzsituation die unkontrollierte Rauchausbreitung in noch nicht verrauchte Bereiche und der daraus resultierende Schaden gegen den Einsatzerfolg abzuwägen.

5.7.11.4 Rauchexplosion (Backdraft)

Normalerweise nimmt die Menge heißer Rauchgase, die von einem Brandherd ausgeht, rasch zu. Aufgrund der durch den Brand entstehenden Thermik wird weiter Luft zum Brandherd gefördert. Wenn eine ausreichende Sauerstoffversorgung vorhanden ist, wird das Feuer so lange weiterbrennen, wie brennbares Material vorhanden ist.

Wird die Sauerstoffversorgung im Brandraum eingeschränkt, so wird der Luftsauerstoff schneller verbraucht, als er durch die verbliebenen Öffnungen nachgeliefert werden kann. Die Sauerstoffkonzentration im Brandraum nimmt ab. Die Temperatur im Brandraum steigt unter Umständen weiterhin an.

Wenn die Sauerstoffkonzentration im Brandraum abnimmt, werden die Flammen kleiner. Dies muss aber nicht zwangsläufig zu einer Abnahme der Produktion brennbarer Gase führen. Obwohl die vom Brandherd ausgehende Strahlungswärme abgenommen hat, ist der Brandraum noch immer sehr heiß, und bislang ist nichts geschehen, was die brennbaren Materialien hätte abkühlen können. Noch immer können kleine Flammen vorhanden sein oder aber sie sind vollkommen gelöscht. Abhängig von der relativen Größe des Feuers und des Brandraumes haben sich zu diesem Zeitpunkt ausreichend brennbare Gase gebildet und im Brandraum verteilt. Dieser Umstand erfordert nun nur noch eine neue Sauerstoffquelle, zum Beispiel durch das Öffnen einer Tür oder eines Fensters, um ein explosibles Gemisch zu erzeugen – es droht ein Backdraft.

Mögliche Backdraft-Szenarien

Es gibt mindestens drei Backdraft-Szenarien, mit denen Feuerwehrangehörige rechnen müssen.

1. Wenn das Feuer in einem Brandraum beim Öffnen einer Tür noch brennt und insbesondere die Rauchgase nicht aus dem Brandraum austreten können, kann es zum Vermischen der eintretenden Frischluft mit den brennbaren Gasen und damit zur Bildung eines explosiblen Gemisches kommen.

   Wenn die Gase im Brandraum heiß genug sind, werden sie sich im Türbereich selbst entzünden und die Flammen werden im Luftstrom in den Brandraum zurückschlagen. Dies könnte zu einer raschen Brandausbreitung führen, aber nicht zwangsläufig zu einem Backdraft.

   Sind die Rauchgase nicht so heiß, wird eine Zündung nur dann stattfinden, wenn ausreichend Sauerstoff die das Feuer unmittelbar umgebenden Rauchgase erreicht. Die Flamme wird dann durch den Brandraum in Richtung Türöffnung ziehen und in einer aus der Türöffnung herausschlagenden Flamme resultieren, die von den sich hinter ihr ausdehnenden Gasen gesteuert wird. Es ist nicht leicht vorherzusagen, ob eine solche Stichflamme entsteht und wie lange sie anhalten wird, wenn die Tür einmal geöffnet wurde. Dies hängt von folgenden Faktoren ab:

   - Wo befindet sich das Feuer innerhalb des Brandraumes?
   - Wie stark ist der durch die Tür eintretende Luftstrom?
   - Können heiße Gase aus der Türöffnung austreten, ohne sich mit der einströmenden Luft zu vermischen?

2. Eine noch gefährlichere Situation kann entstehen, wenn das Feuer im Brandraum fast erloschen ist. Wenn die Tür geöffnet wird, strömt Luft ein und es kann ein explosibles Gemisch entstehen. Dabei erfolgt zunächst keine Durchzündung, weil momentan keine Zündquelle vorhanden ist. Betreten die Feuerwehrleute nun den Brandraum, können deren Aktivitäten – zum Beispiel Nachlöschmaßnahmen, Suchen von Brandnestern o. Ä. – eine Zündquelle freilegen, die einen verzögerten Backdraft auslöst, wobei sich die Feuerwehrleute nun im Brandraum befinden und von Flammen umgeben sind.

Dies kann auch noch dann geschehen, wenn das Feuer gelöscht zu sein scheint und sich der Brandraum bereits abgekühlt hat. Verbleiben brennbare Gase im Brandraum, können diese jederzeit gezündet werden. Man spricht dann von einer Durchzündung kalter Rauchgase.

3. Die Situation kann noch komplizierter werden, wenn große Mengen brennbarer Gase aus dem Brandraum in umliegende Gebäudeteile austreten. Bereiche außerhalb des eigentlichen Brandraumes können dann explosible Atmosphären enthalten, die auf eine Zündung warten. Am gefährdetsten ist der Bereich unmittelbar um den Brandraum herum, nämlich genau dort, wo die Feuerwehrleute vor dem Öffnen einer Tür warten. Wird die Tür dann geöffnet, kann sich ein entstehender Backdraft aus dem Brandraum heraus in andere Gebäudeteile ausbreiten.

Abb. 5.102: Quelle: http://www.contraincendioonline.com/ecieci/index.php3

Anzeichen eines Backdrafts

Der erste Hinweis auf einen zu erwartenden Backdraft ist die „Geschichte" des Feuers: Hatte das Feuer eine ausreichende Vorbrenndauer, genügend Rauch erzeugt, der nun aus dem Gebäude drückt, und ist das Feuer von außen nicht sichtbar, so ist es wahrscheinlich, dass das Feuer aufgrund von Sauerstoffmangel erloschen ist.

Schaut man sich dieses Gebäude von außen an, sind die betroffenen Fenster des Brandraumes rußgeschwärzt und von außen sind keine Flammen sichtbar. Selbst wenn ein Teil eines Fensters zerbrochen ist, ist es möglich, dass diese Öffnung nicht genügend Sauerstoff für das Feuer liefert. In diesem Fall ist es wahrscheinlich, dass Rauch aus dieser Fensteröffnung pulsierend austritt. Frischluft wird in den Brandraum gesogen, wenn das Feuer kleiner wird und sich die heißen Rauchgase durch die Abkühlung zusammenziehen. Dies erzeugt lokal begrenzte zündfähige Gemische, die abbrennen, so genannte „Mini-Backdrafts". Die daraus resultierende Ausdehnung der heißen Rauchgase drückt Rauch aus dem Brandraum heraus. Dieser Kreislauf wiederholt sich mit einer Frequenz, die von der Größe der Öffnung und der Lage des Feuers abhängt.

Befindet sich unter der Tür zum Brandraum ein Spalt, kann dort ebenfalls pulsierender Rauch mit diesem „Mini-Backdraft"-Effekt austreten. Es kann außerdem ein pfeifendes Geräusch zu hören sein, wenn Luft durch kleine Öffnungen um die Tür herum in den Brandraum eingesogen wird. Dieses Pfeifen ist aber schwer zu hören.

Kann der Brandraum lange genug abkühlen, wird keine Luft mehr in den Brandraum gesogen und der pulsierend austretende Rauch wird ebenfalls nicht mehr vorhanden sein. Wurde der Brandraum aber noch nicht belüftet und es befinden sich noch immer brennbare Gase im Brandraum, ist ein Backdraft immer noch möglich.

Wird die Entscheidung getroffen, die Tür zu öffnen, könnte dabei ein starkes Einsaugen von Luft zu spüren sein. Dieser Effekt zeigt entweder, dass Sauerstoffmangel vorhanden ist oder aber der Brandraum sehr viel heißer war und bereits begonnen hat abzukühlen. Kleine Flammen können auftreten, wenn sich die Rauchgase und die frische Luft vermischen. Dies zeigt, dass im Brandraum Rauchgase vorhanden und heiß genug sind, um sich bei der Vermischung mit Luft selbst zu entzünden.

Maßnahmen bei Gefahr eines Backdrafts

Ist die Tür zu einem Brandraum mit Sauerstoffmangel einmal geöffnet und Frischluft in den Brandraum eingedrungen, kann nur noch wenig gegen die Entstehung eines Backdrafts unternommen werden. Besser ist, die geeigneten Entscheidungen zu treffen, bevor die Tür geöffnet wird. Solange die Tür zum Brandraum verschlossen ist, haben die Einsatzkräfte Zeit, über das weitere Vorgehen nachzudenken. Ist die Tür einmal geöffnet, können sie nur noch auf das reagieren, was passieren wird. Je nach Einsatzsituation ist vor dem Öffnen eine Absprache mit dem Einsatzleiter notwendig.

Der Brandraum muss ständig beobachtet werden. Die Erstmaßnahme besteht dann darin, den Brandraum für ein Betreten durch die Einsatzkräfte sicher zu machen, z. B. indem die brennbaren Gase aus dem Brandraum entfernt werden durch Belüftung.

Es ist wichtig zu erkennen, dass Belüftungsmaßnahmen Frischluft in den Brandraum fördern. Es kann also auch ein Backdraft während der Belüftungsmaßnahmen entstehen. Für diesen Fall müssen entsprechende Vorkehrungen getroffen werden:

Beim Befehl „Belüften des Raumes" durch den Einsatzleiter sind folgende Grundsätze zu beachten:

- Vor dem Beginn der Belüftung muss Wasser am Strahlrohr sein.
- Einsatzkräfte haben sich in sicherer Position abseits der zu erwartenden Flammenrichtung zu befinden.
- Ein Backdraft kann mit einer Zeitverzögerung von mehreren Minuten auftreten.

Kein Brandraum kann als sicher angesehen werden, bevor er nicht für einige Zeit belüftet wurde. Ist der Brandraum ausreichend belüftet, können die Einsatzkräfte den Brandherd angreifen, ohne dass die weitere Gefahr eines Backdrafts gegeben ist.

Merke

Es gibt Anzeichen, durch die sich eine schnelle Brandausbreitung infolge verschiedener Vorgänge wie z. B. Rauchdurchzündung, Flashover, Backdraft usw. ankündigt:

- dichter Rauch mit graubrauner, schwarzer oder weißer Färbung
- Rauch entweicht schnell und unter Druck aus Türspalten, Fenstern, Dächern usw.
- Rauch entweicht pulsierend aus Öffnungen
- Rauchschicht hebt und senkt sich zügig
- schneller Temperaturanstieg bzw. hohe Raumtemperaturen
- Flammenzungen in der Rauchschicht („tanzende Engel")
- geschwärzte und oder gesprungene Fensterscheiben
- orangefarbene oder blaue Flammen

5.8 Erschwernisse beim Atemschutzeinsatz

5.8.1 Wärmebelastung – Hitzschlag

Die Feuerwehrschutzkleidung schützt Atemschutzgeräteträger immer besser vor der Einwirkung von Wärme und Flammen sowie mechanischer Einwirkung. Dieser Schutz bewirkt aber auch eine Einschränkung des körpereigenen Kühlsystems mit der Verdunstung von Schweiß, wodurch die Körpertemperatur ansteigt. Der Temperaturanstieg wird durch körperliche Arbeit in heißer Umgebung weiter verstärkt. Achtet der Atemschutzgeräteträger nicht auf die Signale seines Körpers oder übergeht er sie, kann dies zum Zusammenbruch und Hitzschlag führen.

Um dies zu vermeiden bzw. um auf die Symptome achten zu können, ist es wichtig, auch bei der Ausbildung die komplette Schutzausrüstung zu tragen. Der Atemschutzgeräteträger kann dabei die Belastung durch die Schutzkleidung erfahren und lernen, damit umzugehen, z. B. indem er seine Arbeitsleistung zeitweise reduziert. Auch mag es je nach Einsatzsituation taktisch nicht sehr sinnvoll sein, zu nah an das Feuer heranzugehen.

Abb. 5.103 Brandblasen nach Verbrühung unter der Einsatzjacke

Abb. 5.104: Farb- und Materialveränderung durch Hitzeeinwirkung

Nach Beendigung des Einsatzes ist es wichtig, primär für eine Abkühlung des Körpers zu sorgen, indem sofort Schutzhandschuhe, Atemschutzmaske, Feuerschutzhaube und Helm abgelegt und die Einsatzjacke und ggf. Überhose geöffnet werden. Das Ablegen des Pressluftatmers kann anschließend erfolgen. Wichtig ist, dass der Körper die gestaute Wärme abgeben kann. Ist die körperliche Erschöpfung groß, kann man auch mit PA einen Moment auf den Boden sitzen.

Hilfreich zur Reduzierung der Körpertemperatur ist das Kühlen der Hände und Unterarme, indem man z. B. Wasser aus dem seitlichen Druckabgang eines Fahrzeugs über Hände und Unterarme laufen lässt oder mit Wasser gefüllte Behältnisse aufstellt, um die Hände darin zu kühlen.

5.8.2 Sichtbehinderung

Die Sichtbehinderung beginnt beim Anlegen der Vollmaske. An das eingeschränkte Gesichtsfeld kann man sich durch Übung gewöhnen.

Was viele junge Atemschutzgeräteträger beim ersten Einsatz in warmer bis heißer Umgebung überrascht, ist das Beschlagen der Sichtscheibe, sobald der erste Wasserdampf entsteht. Hier bleibt dem Atemschutzgeräteträger nichts anderes übrig, als sich mit den Handschuhen das Sichtfeld frei zu wischen.

Nebel (z. B. CO_2-Nebel bei Abströmen einer CO_2-Löschanlage) behindert die Sicht, Licht und Schatten sind jedoch noch zu erkennen. Brandrauch kann so dicht werden, dass keine Sicht mehr möglich ist. Bei Schwelbränden, Kellerbränden oder bei Pkw-Bränden in Tiefgaragen kann so dichter Rauch entstehen, dass selbst Licht aus Xenonbirnen (z. B. Helmlampen) nicht mehr durchdringen kann.

Wird z. B. ein Keller mit Schaum geflutet und der Atemschutzgeräteträger ist von Schaum umgeben, so ist nicht nur keine Sicht vorhanden, sondern der Schaum schluckt auch fast alle Geräusche. Da Körperlage und Gleichgewicht auch durch Sicht und Gehör bestimmt werden, sind in diesem Fall Verlust der Orientierung, Schwindel und plötzliche Übelkeit möglich.

Klaustrophobie

Klaustrophobie ist die Angst vor geschlossenen Räumen. Personen mit stark ausgeprägter Klaustrophobie können sich u. U. nicht einmal in einem Raum mit geschlossener Tür aufhalten. Bei anderen Personen kann es nur zu einem unguten Gefühl in Extremsituationen kommen. Durch z. B. Bewegungseinschränkung der Schutzausrüstung oder Sichtbehinderungen kann es jeden an einem persönlich schlechten Tag treffen, mit sich in einer Einsatzsituation kämpfen zu müssen. Hier ist dem Truppkollegen zu signalisieren, den Einsatz abzubrechen, und der Einsatzleiter auf die eingeschränkte Verfügbarkeit hinzuweisen.

Wird bei der Ausbildung zum Atemschutzgeräteträger festgestellt, dass Anzeichen für Klaustrophobie vorhanden sind, sollte in einem Gespräch geklärt werden, ob die Ausbildung beendet wird. Durch Übung und Gewöhnung kann dieses psychologische Problem oftmals behoben werden. Unter Umständen reicht es schon aus, wenn man sich beim Aufziehen einer Maske vor dem Spiegel betrachtet.

5.8.3 Verständigung

Jeder Atemschutztrupp hat ein Funkgerät mitzuführen, mit dessen Hilfe die Verständigung zum Einsatzleiter und zur Atemschutzüberwachung sichergestellt wird.

Viele große Gebäude schirmen aber die Funkwellen derart ab, dass entweder vor Ort mit einer Gebäudefunkanlage gearbeitet wird oder irgendwann die Funkverbindung abbricht, wie dies z. B. in Krankenhäusern, großen Firmenkomplexen oder U-Bahn-Stationen vorkommen kann.

Bei Verlust der Funkverbindung begibt sich der betroffene Trupp so weit zurück, bis wieder eine Verbindung zur Atemschutzüberwachung oder dem Fahrzeugführer hergestellt werden kann. Der Fahrzeugführer entscheidet über das weitere Vorgehen.

Es kann aber auch geschehen, dass der Atemschutzgeräteträger das Funkgerät verliert oder die Hörsprechgarnitur vom Helm fällt. Kann der Trupp diese Mängel nicht beheben, so hat er ebenfalls den Einsatz abzubrechen und muss zurück zur Atemschutzüberwachung. Dies ist auch der Fall, wenn der Akku des Funkgerätes nur noch so wenig Energie besitzt, dass eine Verständigung nicht mehr zustande kommt.

Noch schwieriger gestaltet sich für den vorgehenden Trupp unter Umständen die Verständigung untereinander. Beeinträchtigungen wie die Schutzausrüstung und der Umgebungslärm machen eine Verständigung manchmal unmöglich. Hier bleibt nur die Zeichensprache.

Damit aber auch beide verstehen, was gemeint ist, sind Zeichen innerhalb einer Feuerwehr einheitlich abzusprechen und diese auch in Übungen zu trainieren. Einige Zeichen, die beim Tauchen Verwendung finden, sind auch für den Atemschutzeinsatz anwendbar:

Abb. 5.105: Verständigung 1 ➜OK

Abb. 5.106: Verständigung 2 ➜Druckvergleich

Abb. 5.107: Verständigung 3 ➜Luftnot

Sturz ins Wasser

Fällt ein Atemschutzgeräteträger ins Wasser und taucht unter, so funktioniert das Atemschutzgerät auch unter Wasser. Es ist aber nicht für Taucheinsätze konstruiert!

Geht der Atemschutzgeräteträger unter und sinkt, baut sich je nach Wassertiefe ein schmerzhafter Druck im Ohr auf. Nur ein Druckausgleich kann Abhilfe schaffen, z. B. durch Zuhalten der Nase und kräftiges Ausatmen gegen verschlossenen Mund und Nase. Da sich die Nase aber unter der Atemschutzmaske befindet, kann der Druckausgleich nur durch Gähnen oder Schlucken erfolgen. Dies wird umso schwieriger, je größer die Eintauchtiefe, also die Wassersäule über dem Atemschutzgeräteträger ist.

Nach dem Ein- oder Untertauchen des Atemschutzgeräts in Wasser oder andere Flüssigkeiten (z. B. Reinigungslösung) muss das Grundgerät durch den Hersteller geprüft werden. Es kann nicht ausgeschlossen werden, dass Wasser in den Druckminderer gelangt ist und z. B. beim nächsten Gebrauch den Druckminderer vereisen könnte.

Merke

Wird ein Atemschutzgerät während Übung oder Einsatz in eine Flüssigkeit ein- oder untergetaucht, ist dies dem zuständigen Atemschutzgerätewart mitzuteilen.

5.9 Atemschutzüberwachung

Zur Atemschutzüberwachung gehören alle Maßnahmen, die den vorgehenden Atemschutztrupp kontrollieren und unterstützen. Dies geschieht hauptsächlich über die Registrierung und Einsatzzeitüberwachung des Trupps. Hierfür sind mindestens Papier, ein Stift, eine Uhr sowie ein Funkgerät notwendig.

Ein breites Angebot verschiedener Hilfsmittel in Form von Überwachungstafeln mit Vordruck und Kurzzeitweckern bis zur computergesteuerten Überwachungseinheit bietet jeden gewünschten Grad der Unterstützung.

Der jeweilige Einheitsführer der taktischen Einheit ist für die Durchführung der Atemschutzüberwachung verantwortlich. Dazu gehört auch, dass er über die Einsatzsituation der eingesetzten Trupps Bescheid weiß. Er kann sich zur Unterstützung weitere Einsatzkräfte heranziehen, die mit der Aufgabe der Atemschutzüberwachung vertraut sind.

→ Beim Einsatz eines Atemschutztrupps müssen mindestens folgende Daten registriert werden:
  - Name der Einsatzkraft
  - Funkrufname des Trupps
  - Uhrzeit beim Anschließen des Lungenautomaten
  - Uhrzeit bei 1/3 und 2/3 der zu erwartenden Einsatzzeit
  - Uhrzeit bei Erreichen des Einsatzziels
  - Uhrzeit bei Beginn des Rückzugs
  - Ende der Einsatzzeit

Die FwDV 7 sieht die Überwachung und zusätzliche Absicherung von außen über die Zeit vor, da der Trupp im Einsatz durch die Atemschutzüberwachung nicht von seiner Verpflichtung entbunden wird, eine Druckkontrolle durchzuführen und sich selbst zu überwachen. Problematisch wird dies jedoch, wenn die Sichtbehinderung an der Einsatzstelle so groß ist, dass ein Ablesen des Manometers unmöglich wird.

Diese Lücke der Überwachung füllt die Atemschutzüberwachung mit der Zeitkontrolle aus.. Jeweils nach 1/3 (10 Minuten) und 2/3 (nach 20 Minuten) der zu erwartenden Einsatzzeit (30 Minuten) erinnert die Atemschutzüberwachung den Atemschutztrupp an die Druckkontrolle. Die Überwachung der Einsatzzeit gibt aber im Gegensatz zur Drucküberwachung nur einen statischen Wert wieder, der die Atmung der Angehörigen des Trupps nicht berücksichtigt.

Der Mindestdruck des Atemschutztrupps kann deshalb ebenfalls notiert werden.

Die Atemschutzüberwachung hat sich mit dem Einheitsführer über wichtige Informationen, wie z. B. Abbrechen der Funkverbindung oder des Kontakts zu einem Atemschutztrupp, Lagemeldungen usw. auszutauschen.

Merke

Die Atemschutztrupps arbeiten trotz Atemschutzüberwachung eigenverantwortlich. Druckkontrollen und Lagemeldungen sind selbstständig durchzuführen. Die Atemschutzüberwachung übernimmt nicht die (Eigen-) Verantwortung für den Trupp. Sie hat ausschließlich kontrollierende Aufgaben.

Bei einem Atemschutznotfall darf die Atemschutzüberwachung der eingesetzten Trupps nicht vernachlässigt werden.

Die Atemschutzüberwachung wird zu Beginn des Einsatzes meist fahrzeugbezogen durchgeführt, das heißt, dass in der Regel auf den Fahrzeugen mit Atemschutzgeräten eine „Überwachungstafel" vorhanden ist und dort die Registrierung beginnt. Die meisten Einsätze sind so klein, dass nur selten weitere Kräfte eingesetzt werden müssen. Ist dies trotzdem einmal der Fall, müssen die „Überwachungstafeln" an der Einsatzstelle zusammengezogen oder bei der Bildung von Einsatzabschnitten den jeweiligen Abschnitten zugeordnet werden, da sonst die Übersicht verloren geht.

Damit der Einsatzleiter seiner Aufgabe und Verantwortung gerecht werden kann, muss ihm die Information über die gesamte Atemschutzüberwachung zugänglich sein. Es muss aber nochmals klar zum Ausdruck gebracht werden, dass an der Einsatzstelle in erster Linie jeder Einheitsführer (Staffel- oder Gruppenführer) für die Überwachung seines Atemschutztrupps verantwortlich ist.

Zusammenfasung für den Atemschutzgeräteträger

Lernzielkatalog Atemschutzgeräteträger: Ausbildungseinheit „Atemschutztauglichkeit“ [16 h]

Die Lehrgangsteilnehmenden müssen im Rahmen dieser Ausbildungseinheit in den Bereichen Handhabung der Atemschutzgeräte, Gewöhnung, Orientierung, Arbeiten unter Atemschutz, Eigensicherung und Verhalten im Notfall die notwendige Sicherheit erhalten, um Einsätze unter Atemschutz selbstständig und fachlich richtig durchführen zu können. Sie müssen durch entsprechende Belastungsgewöhnungs-, Belastungs- und Einsatzübungen auf die besonderen Anforderungen des Atemschutzeinsatzes vorbereitet werden.

Inhalte	Die Lehrgangsteilnehmenden müssen	Hinweise
Einteilung Atemschutzgeräte	– die Einteilung, Einsatzmöglichkeiten und -grenzen von Atemschutzgeräten erklären können.	Atemschutzgeräte: – Filtergeräte (abhängig von der Umgebungsatmosphäre) – Isoliergeräte (unabhängig von der Umgebungsatmosphäre)
Filter, Brandfluchthauben	– den Zweck, Aufbau und die Funktion von Filtern und Brandfluchthauben erklären können. – Brandfluchthauben selbstständig und fachlich richtig anlegen können.	– Ablaufdatum – Versiegelung – Einsatzgrenzen (Feuchtigkeit, Atemwiderstand, Geruch, Geschmack, Ruß- und Flockenbildung, Funkenflug)
Atemanschluss	– den Zweck, Aufbau und die Funktion von Vollmasken erklären können. – die Vollmaske selbstständig und fachlich richtig an- und ablegen können. – die Maskendichtprobe selbstständig und fachlich richtig durchführen können.	– Normaldruck – Überdruck – Hinweis auf Maskenbrille, Kontaktlinsen – wie und wann?
Einsatzgrundsätze beim Tragen von Filtergeräten	– die Einsatzgrundsätze beim Tragen von Filtergeräten erklären können.	– Nur die Einsatzgrundsätze, die vom Atemschutzträger beachtet werden müssen! (z. B. ausreichend Sauerstoff, Art, Eigenschaft und Konzentration bekannt siehe FwDV 7) – Atemschutzdokumentation hat zu erfolgen.
Erschwernisse beim Tragen von Filtergeräten	– mit den Erschwernissen beim Tragen von Filtergeräten selbstständig und fachlich richtig umgehen können.	– Eingeschränktes Gesichtsfeld – Erhöhter Ein- und Ausatemwiderstand – Isolierende Wirkung der PSA – An das Tragen gewöhnen
Pressluftatmer	– den Zweck, Aufbau und die Funktion von Pressluftatmern erklären können.	– Normaldruck – Überdruck – Den Weg der Luft durch die Bauteile ohne detaillierte Beschreibung der einzelnen Komponenten
Handhabung des Pressluftatmers	– eine Einsatzkurzprüfung des Pressluftatmers selbstständig und fachlich richtig durchführen können. – einen Pressluftatmer selbstständig und fachlich richtig an- und ablegen können.	Einsatzkurzprüfung: – Flaschendruck – Hochdruckdichtprüfung – Funktion des Lungenautomaten – Ansprechen des Warnsignals

Inhalte	Die Lehrgangsteilnehmenden müssen	Hinweise
Wechsel der Atemluftflasche	– einen Wechsel der Atemluftflasche selbstständig und fachlich richtig durchführen können.	
Tragen der Atemluftflasche	– eine Atemluftflasche selbstständig und fachlich richtig tragen können.	
Transport von Atemluft	– die notwendigen Maßnahmen für den sicheren Transport von Atemluftflaschen erklären können.	
Handhabung des Pressluftatmers	– die für ihre Tätigkeit innerhalb eines Löscheinsatzes erforderliche persönliche Ausrüstung in Verbindung mit dem Tragen eines Atemschutzgerätes selbstständig und fachlich richtig anwenden können.	– für Löscheinsatz erweiterte PSA, z. B. Feuerschutzhaube, Feuerwehr-Haltegurt
Erschwernisse beim Tragen von Pressluftatmern	– mit den Erschwernissen beim Tragen von Pressluftatmern selbstständig und fachlich richtig umgehen können.	– Eingeschränktes Gesichtsfeld – Eingeschränkte Bewegungsfreiheit – Gewichtsbelastung – Isolierende Wirkung der PSA
Verständigung	– sich aufgrund äußerer Einflüsse eindeutig und unmissverständlich innerhalb eines Trupps selbstständig und fachlich richtig verständigen können.	– (Lärm, Sichtbehinderung usw.) – Handzeichen – Sprache
Lagemeldung	– die Notwendigkeit von Lagemeldungen erklären und Lagemeldungen über Funk selbstständig und fachlich richtig absetzen können.	Für die Atemschutzüberwachung notwendige Lagemeldung wie: – Passieren der Rauchgrenze/Anschließen des Lungenautomaten – Beginn Luftverbrauch – Druckkontrolle (niedrigster Druck im Trupp) – Erreichen des Brandobjektes/Ziel erreicht – Auffinden der vermissten Person – Neue, dem Einheitsführer unbekannte Erkenntnisse – Lage hat sich wesentlich geändert – Einsatzauftrag nicht durchführbar – Einsatzauftrag ausgeführt, z. B. Feuer aus – Zurückmeldung

Inhalte	Die Lehrgangsteilnehmenden müssen	Hinweise
Einschätzen von Gebäuden	– ein Gebäude von außen selbstständig einschätzen können. – selbstständig von außen abschätzen können, wie viel Schlauchreserve zur Vornahme in Gebäuden notwendig ist.	– Größe der Räume – Nutzung – Zugangsmöglichkeiten – Fluchtwege – Flammenerscheinung – Verrauchung – Öffnungen/Lüftungsmöglichkeiten
Atemschutzüberwachung	– die Grundsätze der Atemschutzüberwachung erklären und selbstständig anwenden können.	
Öffnen von Türen	– das sichere Verhalten beim Öffnen von Türen beschreiben und selbstständig durchführen können. – das Betreten von Räumen sowie das Zurückziehen bei Gefahr selbstständig durchführen können. – die Verhaltensregeln bei Phänomenen der schnellen Brandausbreitung (Flashover, Backdraft, Rauchdurchzündung) erklären und selbstständig umsetzen können.	– Erkennen der Gefahren und situationsgerechtes Handeln (z. B. Position der Trupps, Strahlrohreinstellung, Benutzung von Hilfsmitteln (Axt, Bandschlinge und Mobiler Rauchverschluss))
Absuchen von Räumen	– einen Raum mit unterschiedlichen Rückwegsicherungen selbstständig absuchen können.	– Verschiedene Methoden und Hilfsmittel – Rückwegsicherung Leine und Schlauchleitung – Evtl. Wärmebildkamera
Kennzeichnung von Räumen	– die Kennzeichnung eines Raumes selbstständig durchführen und deuten können.	Örtliche Variante
Überdruckbelüftung	– die Konsequenzen für die Vorgehensweise eines Angriffstrupps bei gleichzeitiger Überdruckbelüftung erklären können.	– Verhalten der Trupps vor und während der Belüftung – Absprache mit Gruppenführer bzgl. Lüftungsöffnungen
Rettung von Personen	– die Rettung einer Person selbstständig und fachlich richtig durchführen können.	– Ohne und mit Hilfsmittel (Rettungstuch, Bandschlinge)
Verhalten in Notfällen	– sich in Notfallsituationen als verunfallter Trupp selbstständig und fachlich richtig verhalten können. – sich in Notfallsituationen als Sicherheitstrupp selbstständig und fachlich richtig verhalten können.	Notfalltraining: – verunfallter Atemschutzträger – Atemluftvorrat neigt sich dem Ende – Rückweg versperrt – Notfallmeldung abgeben – Flaschenventil geschlossen
Stress	– Möglichkeiten zur Vorbeugung von Stress im Atemschutzeinsatz beschreiben können.	z. B.: – Training – Verhalten bei Atemkrisen – Gedankliche Vorbereitung auf den Einsatz

Lernerfolgskontrolle (LEK) – Lösungen auf Seite 10 –

5. Atemschutzgeräteeinsatz

LEK5.1 Was kann eine Brandfluchthaube nicht?

a) Gasförmige Schadstoffe aus der Luft filtern

b) Partikelförmige Schadstoffe aus der Luft filtern

c) Sauerstoff zuführen

LEK5.2 Warum beschlägt die Vollmaske von innen, wenn kein Lungenautomat angeschlossen ist?

a) Die Ventilscheiben in der Maske sind zu alt. Die Maske muss in die Atemschutzwerkstatt.

b) Weil keine kühle Luft aus dem Lungenautomaten innen an der Sichtscheibe entlangströmt.

c) Es darf nicht sein, dass die Maske von innen beschlägt. Die Maske muss einen Fehler haben.

LEK5.3 Du bist im Einsatz mit Maske und Filter. Du glaubst, dass sich Dein Atemwiderstand erhöht, bist Dir aber nicht sicher. Dann hast Du plötzlich auch noch einen metallischen Geschmack im Mund. Was musst Du tun?

a) Innerhalb vom Trupp Meldung machen, dem Einheitsführer / der Atemschutzüberwachung Meldung machen und wenn möglich zurückgehen.

b) Innerhalb vom Trupp Meldung machen und sofort zurückgehen.

c) Ich muss niemandem Meldung machen, wenn mein Filter einen Durchbruch hat. Ich gehe sofort zurück.

LEK5.4 In welchen Teilen des Pressluftatmers herrscht Hochdruck?

a) Bis zum Lungenautomat

b) Bis in den Druckminderer hinein

c) Nur in der Atemluftflasche

d) Bis zur Innenmaske

LEK5.5 Du fährst mit einem MTW oder Deinem privaten Pkw zur Belastungsübung auf die Atemschutz-Übungsstrecke und musst einen Pressluftatmer mitnehmen. Welche Aussagen bezüglich des sicheren Transports sind richtig?

a) Beim Verladen muss an die Ladungssicherung gedacht werden, weshalb der Pressluftatmer nicht lose im Fahrzeug transportiert werden darf.

b) Ich darf wegen der Ladungssicherung weder einen Pressluftatmer noch Atemluftflaschen ohne spezielle Halterung transportieren.

c) Im privaten Pkw darf ich keine Atemschutzgeräte transportieren.

LEK5.6 Worauf ist beim Bewegen von losen Atemluftflaschen zu achten?

a) Nur der Atemschutzgerätewart darf nach gültiger Rechtslage die Atemluftflasche wechseln und bewegen.

b) Die Atemluftflasche ist auf der Schulter zu tragen, da sie so am sichersten transportiert werden kann.

c) Im Ausgang des Flaschenventils ist eine Verschlussschraube, um ein Abströmen bei ungewolltem Öffnen zu verhindern.

LEK5.7 Du bist Angriffstrupp und erhältst den Befehl „Angriffstrupp zur Menschenrettung unter PA über 4-teilige Steckleiter ins 1. OG über Balkon – vor!" Was gehört alles zu Deiner PSA für diesen Auftrag?

a) Feuerwehr-Gummistiefel

b) Pressluftatmer

c) Feuerwehr-Haltegurt oder entsprechendes Gurtsystem in der Einsatzjacke

LEK5.8 Du hast als Angriffstrupp den Befehl, zur Brandbekämpfung mit 1. Rohr in den Keller vorzugehen. Da Rauch bereits aus der Eingangstür des Gebäudes herausdringt, verlegt Dein Trupp die Schlauchreserve vor dem Gebäude an der Rauchgrenze und gibt „1. Rohr, Wasser marsch". Ihr schließt die Lungenautomaten an und gebt eine Lagemeldung ab.

a) Formuliere die Lagemeldung!

Ihr seid im 1. OG vor der Brandwohnung angekommen, habt die Schlauchreserve gelegt und den Rauchvorhang gesetzt. Ihr seid bereit, in die Brandwohnung vorzugehen. Der niedrigste Druck im Trupp ist 275 bar.

b) Formuliere die Lagemeldung!

Der Brand wurde durch Deinen Trupp schnell gelöscht und Ihr habt den Befehl zum Rückzug erhalten. Ihr verlasst das Gebäude.

c) Formuliere die Lagemeldung!

LEK5.9 Ihr seid bei einer Übung mit der Atemschutzüberwachung beauftragt worden. Nach wie vielen Minuten musst Du spätestens den Angriffstrupp an seine Druckkontrolle erinnern?

a) Nach 10 Minuten und dann nach weiteren 5 Minuten

b) Nach 5 Minuten und dann nach weiteren 10 Minuten

c) Nach 10 Minuten und wieder nach 10 Minuten

LEK5.10 Welche Aussagen zum Thema „Absuchen" sind falsch?

a) Ist der Angriffstrupp nach rechts in die Wohnung gegangen, geht der nächste Atemschutztrupp auch rechts vor.

b) Ist bekannt, dass sich eine vermisste Person im Schlafzimmer linke Seite befindet, wird trotzdem auf der rechten Seite begonnen, da dies die grundlegende Absuchrichtung ist.

c) Der Atemschutztrupp ignoriert bei der ersten Suche alle Türen.

d) Sofern es keinen Hinweis zur Vorgehensweise durch den Einheitsführer gab, beginnt der Angriffstrupp seine Suche nach den örtlich festgelegten Regeln.

Lernzielkatalog Atemschutzgeräteträger: Ausbildungseinheit „Atemschutzeinsatzgrundsätze" [3 h]

Die Lehrgangsteilnehmenden müssen die für ihren Einsatz unter Atemschutz wesentlichen Einsatzgrundsätze erklären und anwenden können. Sie müssen sich ihrer Verantwortlichkeit gegenüber ihrem Truppangehörigen und den Atemschutzgeräten bewusst sein.

Inhalte	Die Lehrgangsteilnehmenden müssen	Hinweise
Einsatzgrundsätze	– die Einsatzgrundsätze beim Tragen von Isoliergeräten erklären und anwenden können.	Nur Einsatzgrundsätze, die der AGT einhalten und umsetzten muss
Verantwortlichkeit	– die Verantwortlichkeiten eines jeden AGT vor, während und nach dem Einsatz für das Gerät, für den Truppangehörigen und für seine Gesundheit erklären können.	
Atemschutznachweis	– wissen, wofür ein Atemschutznachweis notwendig ist und wie er geführt wird.	

Lernerfolgskontrolle (LEK) – Lösungen auf Seite 10 –

LEK 5.11 Lese Dir die Einsatzgeschichte durch. Welche Einsatzgrundsätze haben Uwe und Stefan nicht eingehalten?

Uwe und Stefan haben gerade den Atemschutzgeräteträgerlehrgang erfolgreich absolviert. Sie werden am nächsten Ausbildungsabend gleich als Atemschutztrupp eingesetzt. Es steht eine Einsatzübung an einem leerstehenden Gebäude an.

Ihr Einsatzauftrag lautet: „Angriffstrupp zur Menschenrettung unter PA mit 1. Rohr ins 2. OG über Treppenraum – vor!" Da bereits Rauch aus der Eingangstür des Gebäudes herauskommt, schließen Uwe und Stefan jeder selbst ihren eigenen Lungenautomaten an. Dabei verdreht Uwe die Augen und löst den Lungenautomaten wieder, da er vergessen hat, nach der Einsatzkurzprüfung das Flaschenventil wieder ganz aufzudrehen.

Als beide angeschlossen haben, gehen sie in das Gebäude vor und haben sichtlich damit zu kämpfen, ihre gefüllte Schlauchleitung bis ins 2. OG zu ziehen. Da funkt sie die Atemschutzüberwachung an und fragt, wo sie sind und ob sie schon angeschlossen hätten. Stefan meldet sich und gibt an, dass sie kurz vor dem 2. OG sind und angeschlossen haben. Ihr niedrigster Druck liegt bei 210 bar. Im 2. OG gibt es für sie die Möglichkeit, nach rechts oder nach links durch eine offene Wohnungstür zu gehen. Da der Gruppenführer keine Vorgabe gemacht hat und sie sowieso zu zweit sind, entscheiden sie sich, dass Uwe nach rechts – ohne Schlauch, da weniger verraucht – und Stefan nach links mit Schlauch vorgeht.

Lernerfolgskontrolle interaktiv
https://t1p.de/rnx2s8

6. Chemikalienschutzkleidung

Zum Schutz des Feuerwehrangehörigen vor ABC-Gefahren in allen Aggregatzuständen (gasförmig, flüssig, fest) werden im Feuerwehreinsatz Chemikalienschutzanzüge verwendet.

Diese Gefahren können sein:

- Chemikalien (z. B. Gase, Dämpfe, Säuren oder Laugen)
- Biologische Agenzien (z. B. Viren, Sporen oder Bakterien)
- Atomare Gefahren (z. B. offene und umschlossene Strahler, Medizinprodukte)

Verschiedene Gefahrstoffe können nicht nur über die Atemwege, sondern auch über die Haut in den Körper gelangen. Um diese Gefahr auszuschließen, werden verschiedene Arten von Körperschutz verwendet. Die höchste Stufe der Sicherheit bietet hierfür der gasdichte Chemikalienschutzanzug (CSA) nach DIN EN 943-2: 2019-06.

In Abhängigkeit der Gefahrstoffe, der Aufenthaltsdauer und der zu leistenden Arbeit ist der jeweils notwendige Körperschutz auszuwählen.

Nach FwDV 500 „Einheiten im ABC-Einsatz" ist die Einsatzdauer für CSA-Einsätze auf maximal 30 Minuten begrenzt. Hieraus folgt, dass die Schutzanzüge mindestens für die gleiche Zeitspanne den entsprechenden Chemikalienwiderstand bieten müssen.

6.1 Einteilung der Schutzkleidung nach FwDV 500

Das Tragen von Körperschutz im Umgang mit atomaren, biologischen und chemischen Stoffen ist in der Feuerwehr-Dienstvorschrift 500 (FwDV 500) einheitlich geregelt. Auch die DGUV-Information 205-014 „Auswahl von persönlicher Schutzausrüstung" stellt diese Einteilung dar. Hierbei wird der Körperschutz in drei Formen unterteilt.

Form 1

- Schutzkleidung zur Brandbekämpfung
- Kontaminationsschutzhaube

Abb. 6.1

Form 2

- Schutzanzug für die jeweilige Gefahr

A – Kontaminationsschutzanzug

Abb. 6.2

B – Infektionsschutzanzug

Abb. 6.3

C - Flüssigkeitsschutzanzug

Abb. 6.4

Form 3

gasdichter Chemikalienschutzanzug

Diese werden in der Trageweise der Atemluftversorgung unterschieden.

TYP 1a-ET: gasdichter Chemikalienschutzanzug für die Verwendung durch Notfallteams (ET – Emergency Teams) mit einer im Chemikalienschutzanzug getragenen Atemluftversorgung

Abb. 6.5

TYP 1b-ET: gasdichter Chemikalienschutzanzug für die Verwendung durch Notfallteams (ET – Emergency Teams) mit außerhalb des Chemikalienschutzanzuges getragener Atemluftversorgung.

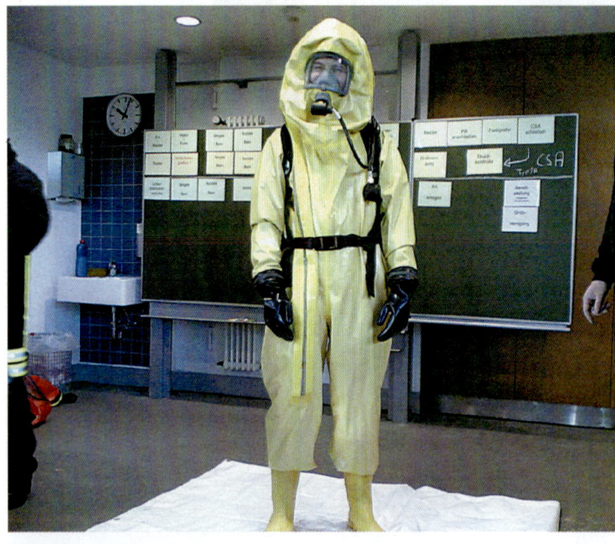

Abb. 6.6

6.2 Anforderungen an Chemikalienschutzanzüge

(nach DGUV-Information 205-014 „Auswahl von persönlicher Schutzausrüstung")

Allgemeine Anforderungen an CSA für den Einsatz bei der Feuerwehr

CSA müssen das Tragen

- von Pressluftatmern mit einem maximalen Luftvorrat von 2000 Liter innerhalb oder außerhalb des Anzugs ermöglichen
- eines Feuerwehrhelms nach Anhang 04
- einer Masken/Helm-Kombination nach Anhang 02

unter bzw. über dem Schutzanzug ermöglichen.

Beim Tragen von CSA

- muss eine Kommunikation über Einsatzstellenfunk möglich sein
- vom Typ 1a-ET muss das Tragen von Hör-Sprechgarnituren in Verbindung mit Handsprechfunkgeräten unter dem Anzug möglich sein
- muss die Erreichbarkeit von Manometer und Flaschenventil gewährleistet sein.

6.3 Aufbau eines Chemikalienschutzanzugs

Der Aufbau eines CSA besteht prinzipiell aus einem Mehrschicht-Material.

Hierbei werden u. a. Himex®, Viton®, Butyl, Hatex, Umex, D-mex™ und Laminate aus verschiedenen Kunststoffen eingesetzt.

Alle Schichten zusammen ergeben den kompletten Schutz des Anzugs, wobei den einzelnen Schichten ganz bestimmte Aufgaben zukommen:

- äußere Schicht ➜ Widerstandsfähigkeit gegen die Chemikalie (z. B. Viton®)
- mittlere Schicht ➜ Reißfestigkeit (z.B. Polyamid, Kevlar®)
- innere Schicht ➜ gasdichter Abschluss nach innen (z. B. Butyl)

Anzüge aus Folienlaminat sind in der Regel „Einweganzüge".

Die Handschuhe der Chemikalienschutzanzüge sind durch eine Stützringverbindung mit dem Anzug verbunden. Sie bestehen meistens aus Butyl oder Hypalon und sind oft dünner als das CSA-Gewebe. Deshalb werden für den Einsatz Überhandschuhe getragen.

6.4 Permeation

Permeation ist ein physikalischer Vorgang, bei dem eine Chemikalie das CSA-Gewebe durchdringt. Diese läuft in drei Teilschritten ab:

1. Sorption Die Chemikalie wird an der Oberfläche des Chemikalienschutzanzugs aufgenommen.

2. Diffusion — Die Chemikalie durchdringt das CSA-Gewebe durch Poren bzw. molekulare Zwischenräume.
3. Desorption — Die Chemikalie entweicht als Gas auf der Anzuginnenseite.

Fand Permeation an einer Stelle des Anzugs statt, lässt sie sich unter Umständen schwer nachweisen, da der Anzug die Sicht- und Dichtprüfung bestehen kann. Trotzdem kann der Anzug in seiner Struktur so geschädigt sein, dass es beim nächsten Einsatz zu einem Durchbruch von Chemikalien oder zum Ausgasen der eingedrungenen Stoffe kommen kann.

Die Permeationszeit dient als Maß für die Beständigkeit der Chemikalienschutzanzüge. Sie liegt je nach Anzugmaterial, Chemikalie und Konzentration zwischen 10 und 480 Minuten. Genaue Informationen sind zu Beginn des Einsatzes aus den Beständigkeitslisten der CSA-Hersteller zu entnehmen.

6.5 Funktion

Chemikalienschutzanzüge bieten Schutz gegen feste, flüssige und gasförmige Schadstoffe sowie gegen eine kurzfristige Flammeneinwirkung. Hierzu umschließt der Anzug den Körper gasdicht. Durch die Ausatemluft des Trägers entsteht innerhalb des Anzugs ein leichter Überdruck, so dass hierdurch ein Eindringen von Gasen, beispielsweise bei kleineren Leckagen, nicht möglich ist. Durch Ausatemventile im Anzug kann die ausgeatmete Luft entweichen.

6.6 Handhabung des Chemikalienschutzanzugs

Chemikalienschutzanzüge müssen regelmäßig einer Sicht- und Dichtprüfung unterzogen werden. Alle Arbeiten am Anzug sowie alle Übungen und Einsätze sind in einer Gerätekartei zu dokumentieren.

Um das Anzugmaterial zu schonen, sind die Anzüge nach Herstellerangaben – möglichst knickfrei und in Umverpackungen – zu lagern.

6.7 Anlegen des Chemikalienschutzanzugs vom Typ 1a-ET

Das An- und Ablegen des Chemikalienschutzanzugs muss von mindestens einer Person unterstützt werden. Zum Schutz des CSA-Trägers ist unter dem Anzug ein langärmliges dünnes Oberteil und eine lange Hose zu tragen. Dies kann z. B. ein Unterzieher aus Baumwolle sein.

Beim Anlegen ist folgende Reihenfolge zu beachten:

1. **Vorbereitung PA**
   - Einsatzkurzprüfung
2. **Chemikalienschutzanzug für das Einsteigen vorbereiten**
   - Anzug ausbreiten, so dass ein leichter Einstieg in die Stiefel möglich ist
   - Abdeckungen der Anzugventile auf Vollständigkeit und richtigen Sitz überprüfen
   - Anzugscheibe innen mit Klarsichtmittel behandeln

Abb. 6.7

3. **PA und Maske**
   - Pressluftatmer anlegen
   - Maskescheibe außen mit Klarsichtmittel behandeln
   - Vollmaske anlegen
   - Maskendichtprüfung

Abb. 6.8

4. **Funk und Helm**
   - Funkgerät anbringen
   - Sprechtaste in Brusthöhe anbringen, dass sie leicht von außen betätigt werden kann
   - Sprechgarnitur am Helm befestigen. Zuvor alle Anbauten, wie z.B. Helmlampe, Klappvisier (DIN-Helm) usw., entfernen
   - Helm aufsetzen
   - Funkprobe

Abb. 6.9

5. **Unterziehhandschuhe aus Stoff anziehen**
   - Um einen zusätzlichen Schutz zu gewährleisten, können zuerst Einwegschutzhandschuhe (Latex oder Nitril) untergezogen werden.

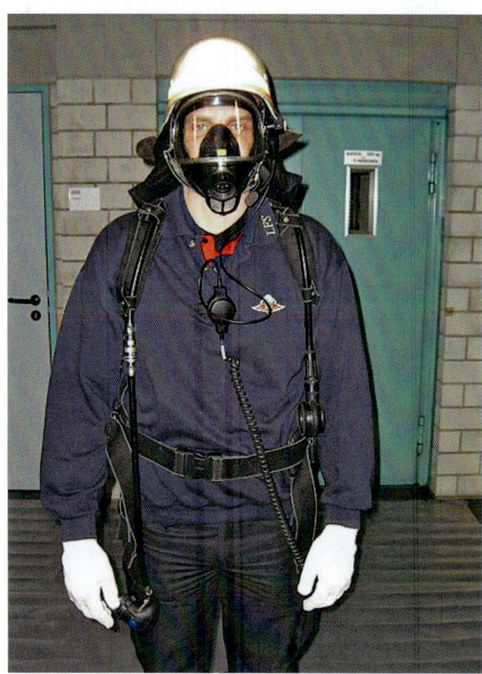

Abb. 6.10

6. **langes Bein**
   - in den vom Reißverschluss abgewandten Stiefel einsteigen (meist linker Fuß)

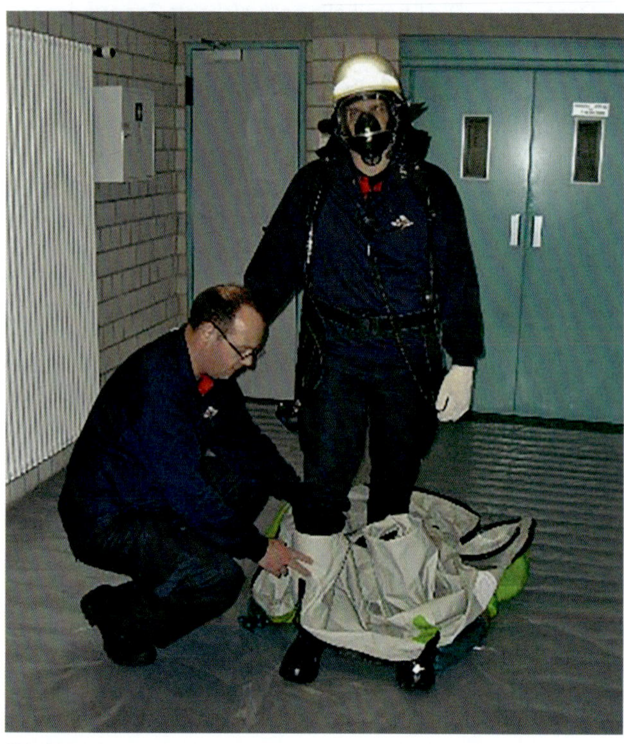

Abb. 6.11

7. **kurzes Bein**
   - in den dem Reißverschluss zugewandten Stiefel einsteigen (meist rechter Fuß)

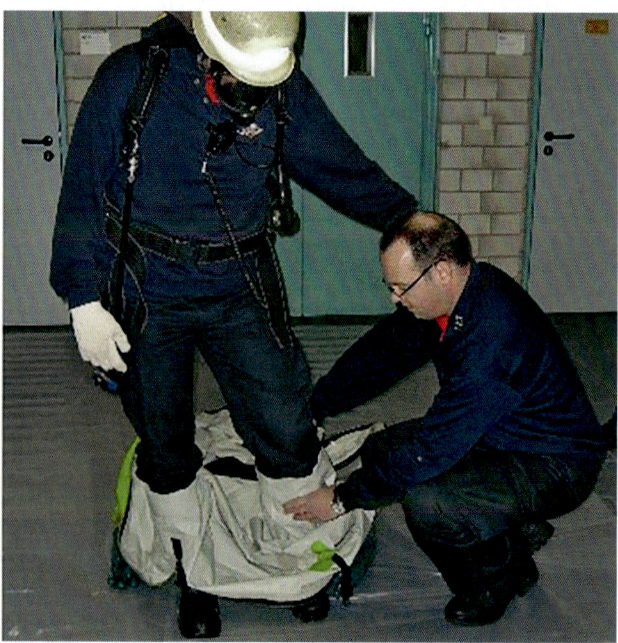

Abb. 6.12

8. Anzug in Hocke über PA ziehen

- Um dies zu erleichtern, geht der CSA-Träger auf Anweisung leicht in die Hocke und der Helfer hebt den Anzug über den PA.

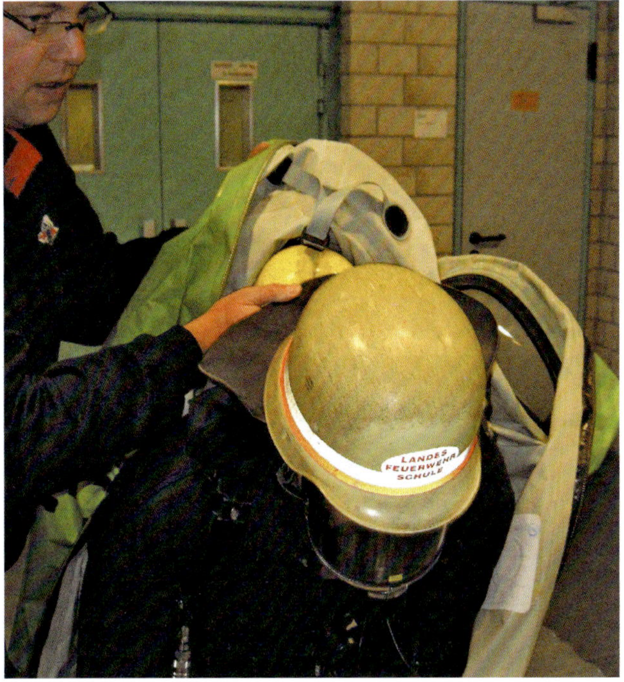

Abb. 6.13

9. Einstieg in die Ärmel

- Der Helfer hebt an der Manschette zwischen Handschuh und Anzug, um dem Träger das Anziehen der Ärmel zu erleichtern.
- Überhandschuhe überstreifen, wenn nötig Manschette überziehen.

Abb. 6.14

10. Einsatzbereitschaft herstellen

- Reißverschluss bis Brusthöhe schließen
- Lungenautomat wird auf dem Reißverschluss so abgelegt, dass er aus dem Anzug ragt.

Jetzt ist der CSA-Träger einsatzbereit und meldet dies der Atemschutzüberwachung.

Abb. 6.15

11. Fertigmachen zum Einsatz

Helfer schließt in folgender Reihenfolge

- Lungenautomaten an
- den Reißverschluss
- die Abdeckung des Reißverschlusses.

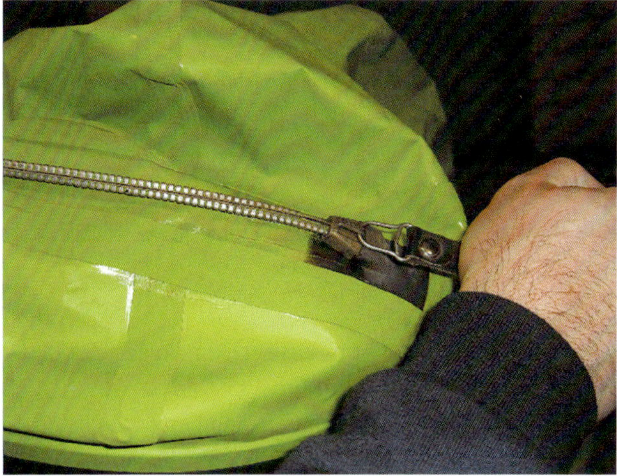

Abb. 6.16

12. Atemschutzüberwachung

- Meldung an Atemschutzüberwachung – CSA-Trupp Einsatzbeginn

Dekontamination

Wird der CSA-Trupp aus dem Einsatz herausgelöst, so kann er den Gefahrenbereich nicht einfach verlassen. Er muss über die Dekontaminationsstelle.

Der CSA-Träger mit dem niedrigsten Druck wird zuerst dekontaminiert.

Die Dekontamination wird nach der FwDV 500 in drei Stufen unterteilt.

Dekon-Stufe I	**Sofort-Dekon** Ist bei jedem Einsatz mit ABC-Stoffen auch ohne Einsatz von Sonderausrüstung sicherzustellen.
Dekon-Stufe II	**Standard-Dekontamination** Ist bei jedem ABC-Einsatz, bei dem persönliche Sonderausrüstungen benutzt werden, sicherzustellen.
Dekon-Stufe III	**Erweiterte Dekontamination im ABC-Einsatz** Ist anzuwenden bei Dekontaminations-Maßnahmen für eine größere Anzahl von Personen und/oder bei starker oder schwer löslicher Verschmutzung.

Nähere Informationen über die Dekontamination innerhalb einer Dekontaminationsstelle sind in der FwDV 500 beschrieben.

6.8 Ablegen nach einem Einsatz

Verlässt der Träger den Bereich der Dekontaminationsstelle, steigt er z. B. in einen bereitgestellten Foliensack oder auf eine bereitgelegte Folie.

Merke

Kontaminationsverschleppungen sind durch unnötige Bewegungen des CSA zu vermeiden, weshalb sich der CSA-Träger nur auf Anweisung des Helfers bewegt.

Beim Ablegen des CSA muss vermieden werden, dass der Helfer an die Innenseite des CSA gelangt, weshalb Träger und Helfer Hand in Hand arbeiten.

1. Ausstieg aus Ärmel

- CSA-Träger zieht Arme aus den Ärmeln des CSA, Helfer kann unterstützen
- CSA-Träger fasst den unteren Rahmen der Sichtscheibe des Anzugs an und hebt den Anzug, so dass der Reißverschluss entlastet wird.
  Er signalisiert dem Helfer damit, dass er bereit ist und der Anzug geöffnet werden kann.

Abb. 6.17 bis 6.19

2. Anzug öffnen

Helfer öffnet vorsichtig

- die Abdeckung des Reißverschlusses und schlägt sie um
- den Reißverschluss.

Es darf keine Kontamination nach innen gelangen.

Abb. 6.20

3. Anzug in Hocke über PA ziehen

- Träger geht in Hocke
- Helfer zieht CSA nach hinten über den PA und legt ihn ab.

Auch hier ist darauf zu achten, dass die Außenseite des Anzugs den Träger nicht berührt. Dies wird z. B. dadurch erreicht, indem der Anzug immer von innen nach außen umgeschlagen wird.

Abb. 6.21

4. kurzes Bein

- aus dem dem Reißverschluss zugewandten Stiefel aussteigen (meist rechter Fuß)
- einen großen Schritt auf ein sauberes Stück Folie

5. langes Bein

- aus dem dem Reißverschluss abgewandten Stiefel aussteigen (meist linker Fuß)
- einen großen Schritt auf ein sauberes Stück Folie

6. Atemschutzüberwachung

- Meldung an Atemschutzüberwachung – CSA-Trupp Einsatzende

7. Unterziehhandschuhe ablegen

8. Helm und Funk

- Träger legt Helm, Funkgerät und Sprechgarnitur ab

9. PA und Maske

- Träger legt Maske und Pressluftatmer ab

10. Abschluss – Regeneration

- Wasser trinken, um den Flüssigkeitsverlust auszugleichen
- frisch einkleiden und
- duschen.

6.9 Einsatzgrundsätze

Beim Einsatz unter CSA gelten die allgemeinen Einsatzgrundsätze wie beim Einsatz unter Atemschutz (siehe FwDV 7, 7.1 „Allgemeine Einsatzgrundsätze").

6.9.1 Einsatzgrundsätze beim Tragen von CSA

- Unter CSA wird immer truppweise (ein Truppführer und mindestens ein Truppmann) vorgegangen. Der Trupp bleibt im Einsatz eine Einheit und tritt gemeinsam den Rückweg an. Vom Grundsatz des truppweisen Vorgehens darf nur bei besonderen Lagen, beispielsweise beim Einstieg in Behälter und in enge Schächte, unter Beachtung zusätzlicher Sicherungsmaßnahmen abgewichen werden. Innerhalb eines Trupps sollen in der Regel:
  - gleiche Atemschutzgerätetypen
  - gleiche CSA-Typen

  verwendet werden.
- An jeder Einsatzstelle muss für die eingesetzten CSA-Trupps mindestens ein Sicherheitstrupp zum Einsatz bereitstehen.
- Je nach Risiko und personeller Stärke des eingesetzten CSA-Trupps wird die Stärke des Sicherheitstrupps erhöht. Dies gilt insbesondere bei ausgedehnten Objekten, beispielsweise in Tunnelanlagen und Tiefgaragen. Der Sicherheitstrupp trägt dieselbe Schutzausrüstung wie der vorgehende Trupp.
- Jeder CSA-Träger des Sicherheitstrupps muss ein Atemschutzgerät mit Atemanschluss angelegt, die Einsatzkurzprüfung durchgeführt, CSA angezogen, Reißverschluss bis zur Brust geschlossen und weitere Hilfsmittel z. B. Rettungstuch zum sofortigen Einsatz bereitgelegt haben.
- Pressluftatmer, die bei Einsatzbeginn weniger als 90 % des Nennfülldruckes anzeigen, sind grundsätzlich nicht einsatzbereit.
- Der Truppführer muss vor und während des Einsatzes die Einsatzbereitschaft des Trupps überwachen, insbesondere den Behälterdruck.

- Für den Rückweg ist in der Regel die doppelte Atemluftmenge wie für den Hinweg einzuplanen.
- Die Einsatzdauer eines CSA-Trupps richtet sich nach derjenigen Einsatzkraft innerhalb eines Trupps, deren Atemluftverbrauch am größten ist.
- Jeder CSA-Träger muss mit einem Handsprechfunkgerät ausgerüstet sein.
- Nach Anlegen des Atemanschlusses an den Pressluftatmer, bei Erreichen des Einsatzzieles und bei Antritt des Rückweges muss sich der CSA-Trupp über Funk bei der Atemschutzüberwachung melden. Weitere Meldungen sind lagebedingt abzugeben.
- An Einsatzstellen mit entsprechend großer Sichtbehinderung ist der Rückzugsweg zu sichern.
- Passiert während eines CSA-Einsatzes ein Unfall, so ist der Öffnungszustand des Ventils zu kennzeichnen und schriftlich festzuhalten (Anzahl der Umdrehungen bis zum Schließen des Ventils). Der Behälterdruck ist ebenfalls schriftlich festzuhalten. Das Atemschutzgerät (einschließlich des Atemanschlusses) und der CSA sind sicherzustellen. Unfälle und Beinaheunfälle sind dem Leiter der Feuerwehr zu melden.

Wichtig beim Einsatz eines CSA-Trupps ist der bereitgestellte Sicherheitstrupp.

Die Einsatzzeit beim CSA-Einsatz ist auf maximal 30 Minuten begrenzt (vfdb 0801), daraus ergibt sich eine sehr begrenzte Zeit für die Durchführung der eigentlichen Arbeit vor Ort. Deshalb ist es beim Einsatz von Chemikalienschutzanzügen wichtig, eine Atemschutzüberwachung zu führen.

Beispiel:

Arbeiten	Minuten
Anlegen von PA und CSA	ca. 2 bis 3
Anmarsch	ca. 1 bis 3
Durchführung des Auftrags	ca. **18** bis **24**
Abmarsch	ca. 1 bis 3
Dekontamination, Ablegen	ca. 4 bis 6
Max. Einsatzzeit	**30 Minuten**

6.9.2 Voraussetzungen/Belastungen

Träger von Chemikalienschutzanzügen müssen

- das 18. Lebensjahr vollendet haben;
- körperlich geeignet sein (gültige Eignungsuntersuchung nach DGUV-Empfehlung Atemschutz);
- erneut nach DGUV-Empfehlung Atemschutz untersucht werden, wenn vermutet wird, dass sie den Anforderungen für das Tragen von Atemschutzgeräten nicht mehr genügen; dies gilt insbesondere nach schwerer Erkrankung oder wenn sie selbst vermuten, den Anforderungen nicht mehr gewachsen zu sein;
- die Ausbildung zum Atemschutzgeräteträger erfolgreich absolviert haben;
- an der ergänzenden Ausbildung/Unterweisung zum Tragen von Chemikalienschutzanzügen teilgenommen haben (FwDV 7, 6. „Aus- und Fortbildung" – letzter Absatz);
- regelmäßig an Fortbildungsveranstaltungen und an Wiederholungsübungen (alle 12 Monate eine Übung unter Einsatzbedingungen) teilnehmen;
- zum Zeitpunkt der Übung oder des Einsatzes gesund sein und sich einsatzfähig fühlen.

Ein CSA-Träger ist zusätzlichen Belastungen ausgesetzt:

- Einschränkung des Sichtfeldes
- Kommunikation nur über Funk möglich
- Wärmestau im Inneren des Anzugs
- Gewicht der Ausrüstung – ca. 9 kg CSA ca. 20 kg PA
- Einschränkung der Bewegungsfreiheit
- Psychische Belastung (Klaustrophobie)

Abb. 6.22

Einschränkung des Sichtfeldes

Zu dem bereits eingeschränkten Sichtfeld der Atemschutzmaske kommt noch eine zusätzliche Einschränkung durch die Scheibe des CSA dazu. Bei fortgeschrittenen Einsatzzeiten ist dann noch mit dem Beschlagen der Sichtscheibe im CSA zu rechnen, so dass die Sicht weiter stark eingeschränkt wird.

Kommunikation nur über Funk möglich

Ohne Funkgerät ist eine Verständigung aus dem Anzug so gut wie unmöglich. Aus diesem Grund ist es besonders wichtig, dass der Trupp zusammenbleibt. Bei Ausfall eines Funkgeräts hat man untereinander wenigstens die Chance, sich durch Handzeichen zu verständigen.

Wärmestau im Inneren des Anzugs

Der Träger ist im Anzug eingeschlossen, weshalb der schwitzende Körper auch keine Möglichkeit hat, Feuchtigkeit und Wärme abzuleiten. Dies ergibt eine Mischung, die den Träger über das Maß hinaus belasten kann, weshalb es besonders wichtig ist, jeden Handgriff genau vorzubereiten. Unnötiges Hin- und Herlaufen ist zu vermeiden, weshalb eine gute Zusammenarbeit zwischen dem CSA-Trupp und der Mannschaft außerhalb der Absperrgrenze trainiert werden muss.

Zusätzliches Gewicht

Atemschutzgerät und Chemikalienschutzanzug belasten den Träger mit ca. 30 kg Gewicht. Auf Grund dieser Belastung ist ein schnelles Vorgehen kaum möglich – der CSA-Träger wird wie von selbst in der Geschwindigkeit gebremst.

Einschränkung der Beweglichkeit

Der Anzug bläst sich mit der Ausatemluft auf, was die Bewegungsfreiheit zusätzlich erschwert. Bevor eine Arbeit begonnen wird, kann es ratsam sein, den Anzug zuerst etwas zu entspannen. Hierzu geht der Träger langsam in die Hocke und verschränkt die Arme vor der Brust, wodurch die Luft aus dem Anzug gedrückt wird. Für eine kurze Zeit ist mehr Beweglichkeit erreicht.

Psychische Belastung (Klaustrophobie)

Der CSA-Träger ist in einem Schutzanzug von der Außenwelt abgeschnitten. Er arbeitet in einer Umgebung, die diesen Schutz erfordert. Er kann bei einem plötzlich auftretenden unvorhersehbaren Ereignis nicht einfach den Anzug öffnen. Um den hieraus auftretenden Stress so gering wie möglich zu halten, sind Übungen durchzuführen. Je mehr der Träger an den CSA gewohnt ist, desto geringer ist die psychische Belastung.

Um diese psychische Belastung abzubauen, sollte mindestens einmal im Jahr eine Übung mit Chemikalienschutzanzügen stattfinden. Um hierbei eine bestimmte Belastung zu testen, sollte der Anmarschweg zu einer Arbeitsstelle mindestens 50 Meter (entsprechend Weg Absperrgrenze – Einsatzstelle) betragen und vor Ort eine sinnvolle Arbeit verrichtet werden, z. B. Schließen eines Schiebers oder Abschrauben eines Flansches – so wird nicht nur das Tragen, sondern auch die Fingerfertigkeit des Trägers gefördert.

6.9.3 Notfallsituation

In Notfallsituationen laufen die Handlungen ähnlich ab wie unter Atemschutz.

1. Der Trupp setzt seine Notfallmeldung ab.
2. Es folgt eine Meldung über die momentane Situation des Trupps und den derzeitigen Aufenthaltsort.
3. Der Sicherheitstrupp macht sich nach Auftrag einsatzbereit und geht mit der notwendigen Ausrüstung zum verunfallten Trupp vor und bringt ihn zum Dekon-Platz.
4. Hier erfolgt situationsbedingt eine Sofort-Dekontamination.
5. Eine Weiterbehandlung des verunglückten CSA-Trupps ist mit dem Rettungsdienst abzusprechen.
6. Atemschutzgerät und CSA wird wie unter „Einsatzgrundsätze beim Tragen von CSA" beschrieben aufbewahrt.

Musterstundenplan

Musterstundenplan für Lehrgang Atemschutzgeräteträger

	Samstag	Montag	Freitag	Samstag
7:40 — 8:25	Lehrgangsorganisation			Einschätzen von Gebäuden
8:30 — 9:15	Atmung unter Atemschutz			Atemschutzüberwachung, Lagemeldung, Verständigung
Pause				
9:40 — 10:25	Atemgifte			Verlegen von Schlauchleitungen
10:30 — 11:15	Atemschutztauglichkeit			Öffnen von Türen
11:20 — 12:05	Einteilung der Atemschutzgeräte			Absuchen/Kennzeichnung von Räumen
Pause				
13:05 — 13:50	Filter, Brandfluchthauben			Notfalltraining, Rettung von Personen
13:55 — 14:40	Atemanschluss			Notfalltraining, Rettung von Personen
Pause				
15:05 — 15:50	Atemanschluss Trageübung			Mündliche und praktische Stationsprüfung
15:55 — 16:40	Atemanschluss Trageübung			Abschlussbesprechung, Ausgabe Urkunden
18:00 — 18:45		Pressluftatmer	Belastungsvorübung	
18:50 — 19:35		Einsatzkurzprüfung, Atemluftflaschen	Belastungsübung	
Pause				
19:50 — 20:35		Pressluftatmer Trageübung	Belastungsübung	
20:40 — 21:25		Pressluftatmer Trageübung	Belastungsübung	

Der oben angeführte Stundenplan ist ein Beispiel, wie eine Aufteilung der Stunden aussehen könnte.

Der nachfolgende Plan enthält gemäß Lernzielkatalog die Ausbildungseinheit, den Stundenansatz und die Inhalte, sodass diese beim Nachschlagen wieder gefunden werden können.

Die angesetzten Stunden sind auf zwei Samstage und zwei beliebig wählbare Werktage aufgeteilt.

Der genaue Stundenablauf muss jetzt individuell in Verlaufsplänen ausgearbeitet werden, damit jeder einzelne Ausbilder weiß, was wann und wie mit welchen Geräten zu tun ist.

Samstag		Überschrift Stundenplan	Inhalt Lernzielkatalog	Ausbildungseinheit	Stunden
7:40	8:25	Lehrgangsorganisation	Lehrgangsorganisation	Lehrgangsorganisation	1/2
8:30	9:15	Atmung unter Atemschutz	Wiederholung des Atemvorgangs Luftverbrauch Totraum Atemtechnik	Atmung	1/1
9:40	10:25	Atemgifte	Eigenschaften von Atemgiften Wirkung von Atemgiften Verhalten bei Verdacht des Vorhandenseins von Atemgiften	Atemgifte	1/1
10:30	11:15	Atemschutztauglichkeit	Atemschutztauglichkeit	Atemschutztauglichkeit	1/1
11:20	12:05	Einteilung der Atemschutzgeräte	Einteilung Atemschutzgeräte und Filter	Atemschutzgeräteeinsatz	1/16
13:05	13:50	Filter Brandfluchthauben	Filter, Brandfluchthauben Einsatzgrundsätze Filter	Atemschutzgeräteeinsatz	2/16
13:55	14:40	Atemanschluss	Aufbau An- und Ablegen Maskendichtprobe	Atemschutzgeräteeinsatz	3/16
15:05	15:50	Atemanschluss Trageübung	Atemanschluss + Filter Trageübung im Gerätehaus und/oder auf heller Strecke	Atemschutzgeräteeinsatz	4/16
15:55	16:40	Atemanschluss Trageübung	Erschwernisse beim Tragen von Filtergeräten	Atemschutzgeräteeinsatz	5/16

Hier wird auf die Einteilung in Theorie und Praxis verzichtet. Die Art und Weise der Unterrichte im Lehrgang Atemschutzgeräteträger können so gestaltet werden, dass (vielleicht), abgesehen von den anfänglichen Stunden zu den Themen Atmung, Atemgifte und Atemschutztauglichkeit, theoretische Inhalte direkt mit praktischen Übungen verbunden werden können.

Montag		Überschrift Stundenplan	Inhalt Lernzielkatalog	Ausbildungseinheit	Stunden
18:00	18:45	Pressluftatmer	Pressluftatmer Zweck, Aufbau, Funktion	Atemschutzgeräteeinsatz	6/16
18:50	19:35	Einsatzkurzprüfung, Atemluftflaschen	Handhabung PA Einsatzkurzprüfung Handhabung PA Flaschenwechsel Handhabung PA Tragen der Atemluftflasche Handhabung PA Transport der Atemluftflasche	Atemschutzgeräteeinsatz	7/16
19:40	20:25	Pressluftatmer Trageübung	Handhabung PA An- und Ablegen inkl. pers.Schutzausrüstung	Atemschutzgeräteeinsatz	8/16
20:30	21:15	Pressluftatmer Trageübung	Atemanschluss + PA Trageübung auf dunkler Strecke	Atemschutzgeräteeinsatz	9/16

Die Belastungsgewöhnungsübung kann laut FwDV 7 auf verdunkelter Übungsstrecke durchgeführt werden. Dies empfiehlt sich, wenn die Lehrgangsteilnehmer schon einmal während einer Trageübung die Strecke in hellem Zustand begangen haben. Sehen sie aber die Übungsstrecke zum ersten Mal, kann die Strecke auch beleuchtet sein.

Bei der Belastungsübung ist die Strecke bereits bekannt und kann daher auch schon zu Beginn verdunkelt werden.

Kommen fertig ausgebildete Atemschutzgeräteträger zur jährlichen Wiederholung der Belastungsübung auf die Übungsstrecke, so kann hier die Strecke auch verraucht werden.

Bei zusätzlichen Aufgaben, wie z. B. das Mitführen von Kanistern, muss die erforderliche Arbeit zusätzlich zur erbrachten Arbeit und für die Berechnung eines Streckendurchgangs berücksichtigt werden.

Freitag		Überschrift Stundenplan	Inhalt Lernzielkatalog	Ausbildungseinheit	Stunden
18:00	18:45	Belastungsgewöhnungsübung	Belastungsgewöhnungsübung	Atemschutzgeräteeinsatz	10/16
18:50	19:35	Belastungsübung	Belastungsübung	Atemschutzgeräteeinsatz	11/16
19:40	20:25	Belastungsübung	Belastungsübung	Atemschutzgeräteeinsatz	12/16
20:30	21:15	Belastungsübung	Belastungsübung	Atemschutzgeräteeinsatz	13/16

Am zweiten Samstag gibt es viele Möglichkeiten, den Unterricht zu gestalten. Eine Aufteilung in beispielsweise vier Gruppen ist zwar ausbilderintensiv, es können jedoch mehrere Blöcke gleichzeitig angeboten werden.

Die Art und Weise des geforderten Leistungsnachweises ist nicht beschrieben. Ein Leistungsnachweis kann als

- Stationsausbildung (Einsatzkurzprüfung, Wiederherstellung der Einsatzbereitschaft, Anlegen der persönlichen Schutzausrüstung und Atemschutz),
- mündliche Prüfung (Frage- und Antwortspiel zu Einsatzbildern, zum Atemschutznachweis bzw. -pass usw.),
- schriftliche Prüfung (Einsatzgeschichte mit Fehlersuche, Zuordnen von Atemgiften und Eigenschaften) oder als
- praktische Prüfung in Einsatzübungen erbracht werden.

Samstag		Überschrift Stundenplan	Inhalt Lernzielkatalog	Ausbildungseinheit	Stunden
7:40	8:25	Einschätzen von Gebäuden Atemschutzüberwachung	Einschätzen von Gebäuden Atemschutzüberwachung	Atemschutzgeräteeinsatz	14/16
8:30	9:15	Lagemeldung, Verständigung	Lagemeldung, Verständigung	Atemschutzeinsatzgrundsätze	1/3
9:40	10:25	Verlegen von Schlauchleitungen	Verlegen von Schlauchleitungen	Atemschutzgeräteeinsatz	15/16
10:30	11:15	Öffnen von Türen	Öffnen von Türen	Atemschutzeinsatzgrundsätze	2/3
11:20	12:05	Absuchen/Kennzeichnung von Räumen	Absuchen/Kennzeichnung von Räumen	Atemschutzgeräteeinsatz	16/16
13:05	13:50	Notfalltraining	Notfalltraining	Atemschutzeinsatzgrundsätze	3/3
13:55	14:40	Rettung von Personen	Rettung von Personen		
15:05	15:50	Mündliche und praktische Stationsprüfung	Mündliche und praktische Stationsprüfung	Leistungsnachweis	1/1
15:55	16:40	Abschlussbesprechung, Ausgabe Urkunden	Abschlussbesprechung, Ausgabe Urkunden	Lehrgangsorganisation	2/2

Lösungen der Fragen zur Lernerfolgskontrolle

Kapitel 1 – Atmung:
1bc, 2b, 3ac, 4a, 5c

Kapitel 2 – Atemgifte:
1: Methan = Stickgase, z. B. bei Einsätzen mit Erdgas, Biogasanlagen, ...
Kohlenmonoxid = Blut- und Nervengifte, z. B. bei Einsätzen mit Brandrauch, Holzkohlegrills in Innenräumen, ...
Ammoniak = Reiz- und Ätzgifte, z. B. bei Einsätzen mit Kühlanlagen wie Brauereien, Eislaufhallen, Kühlhäuser, ...

2bc, 3bc, 4bc, 5a

Kapitel 3 – Atemschutztauglichkeit:
1a, 2ab, 3a, 4c, 5ad

Kapitel 4 – Rechtsgrundlagen:
1bce, 2a, 3c, 4b

Kapitel 5 – Atemschutzgeräteeinsatz:
1c, 2b, 3a, 4b, 5a, 6c, 7bc,

8a: Angriffstrupp hat LA angeschlossen, niedrigster Druck 295 bar, gehen ins Gebäude, Ende.
8b: Angriffstrupp vor Brandwohnung angekommen, Rauchvorhang gesetzt, niedrigster Druck 275 bar, betreten die Wohnung, Ende.
8c: Angriffstrupp hat das Gebäude verlassen, Ende des Atemschutzeinsatzes, niedrigster Druck 120 bar, Ende.

9c, 10abc

11: Folgende Einsatzgrundsätze wurden nicht eingehalten:

1. *„...schließen Uwe und Stefan jeder selbst ihren eigenen Lungenautomaten an"*
   Richtig ist: Die Lungenautomaten werden gegenseitig und nacheinander angeschlossen.
2. *„Dabei verdreht Uwe die Augen und löst den Lungenautomaten wieder, da er vergessen hat, nach der Einsatzkurzprüfung das Flaschenventil wieder ganz aufzudrehen."*
   Richtig ist: Die Atemluftflasche ist von einem Trupp, der sich einsatzbereit macht, nach der Einsatzkurzprüfung zu öffnen.
3. *„ Da funkt sie die Atemschutzüberwachung an und fragt, wo sie sind und ob sie schon angeschlossen hätten."*
   Richtig ist: Schließt ein Atemschutztrupp die Lungenautomaten an und begibt sich in das Objekt, so hat der Trupp dies der Atemschutzüberwachung mitzuteilen.
4. *„...dass Uwe nach rechts – ohne Schlauch, da weniger verraucht – und Stefan nach links mit Schlauch vorgeht."*
   Richtig ist: Ein Atemschutztrupp geht grundsätzlich truppweise vor.